全国注册安全工程师（初级）职业资格考试辅导用书

安全生产实务（建筑施工安全）
一题一分一考点

全国注册安全工程师（初级）职业资格考试辅导用书编写委员会　编写

中国建筑工业出版社

图书在版编目（CIP）数据

安全生产实务（建筑施工安全）一题一分一考点/全国注册安全工程师（初级）职业资格考试辅导用书编写委员会编写．—北京：中国建筑工业出版社，2019.7
全国注册安全工程师（初级）职业资格考试辅导用书
ISBN 978-7-112-23917-7

Ⅰ．①安⋯　Ⅱ．①全⋯　Ⅲ．①建筑施工-安全技术-资格考试-自学参考资料　Ⅳ．①TU714

中国版本图书馆 CIP 数据核字（2019）第 129980 号

本书以新考试大纲为依据，结合权威的考试信息，将考试的各个高频考点高度提炼，力图在同一道题目中充分体现考核要点的关联性和预见性，并以此提高考生的学习效率。

本书的内容包括安全生产管理、安全生产技术基础、建筑施工安全技术、安全生产案例分析四部分，每一部分均精心设置了可考题目和可考题型，并对每一个考点都进行了详细说明。此外，本书还为考生介绍了考试相关情况说明、备考复习指南、答题方法解读、填涂答题卡技巧及如何学习本书等方面的参考信息，并赠送增值服务。

本书可供参加全国注册安全工程师（初级）职业资格考试的考生学习和参考使用。

责任编辑：曹丹丹　徐仲莉
责任校对：焦　乐

全国注册安全工程师（初级）职业资格考试辅导用书
安全生产实务（建筑施工安全）一题一分一考点
全国注册安全工程师（初级）职业资格考试辅导用书编写委员会　编写

*

中国建筑工业出版社出版、发行（北京海淀三里河路 9 号）
各地新华书店、建筑书店经销
北京佳捷真科技发展有限公司制版
北京君升印刷有限公司印刷

*

开本：787×1092 毫米　1/16　印张：14¼　字数：344 千字
2019 年 8 月第一版　2019 年 8 月第一次印刷
定价：35.00 元（含增值服务）
ISBN 978-7-112-23917-7
（34227）

版权所有　翻印必究
如有印装质量问题，可寄本社退换
（邮政编码 100037）

编写委员会

葛新丽　高海静　梁　燕　吕　君
董亚楠　阎秀敏　孙玲玲　张　跃
臧耀帅　何艳艳　王丹丹　徐晓芳

前　言

根据《注册安全工程师职业资格制度规定》，国家设置注册安全工程师准入类职业资格，纳入国家职业资格目录。该规定将注册安全工程师级别设置为高级、中级和初级。为了帮助参加初级注册安全工程师职业资格考试的考生准确地把握考试重点并顺利通过考试，我们组成了编写委员会，以考试大纲为依据，结合权威的考试信息，提炼大纲要求掌握的知识要点，遵循循序渐进、各个击破的原则，精心筛选和提炼，去粗取精，力求突出重点，编写了"全国注册安全工程师（初级）职业资格考试辅导用书"。

本套丛书包括两册，分别是《安全生产法律法规一题一分一考点》和《安全生产实务（建筑施工安全）一题一分一考点》。

本套丛书以专题为单位，按对应知识点进行划分，以一题多选项多解的形式进行呈现。本书的形式打破传统思维，采用归纳总结的方式进行题干与选项的优化设置，将考核要点的关联性充分地体现在同一道题目中，该类题型的设置有利于考生对比区分记忆，可以最大程度地节省考生复习所需的时间和精力。

本套丛书特点主要体现在以下几方面：

1. 全面性。本书选择重要采分点编排考点，尽量一题涵盖所有相关可考知识点。将每一考点可能会出现的选项都整理呈现，对可能出现的错误选项做详细的说明。让考生完整系统地掌握重要考点。

2. 独创性。本书中一个题目可以代替同类辅导书中的3～8个题目，同类辅导书限于篇幅的原因，原本某一考点可能会出6个题目，却只编写了2个题目，考生学习后未必可以彻底掌握该考点，导致在考场答题时出现见过但不会解答的情况，本书可以解决这个问题。

3. 指导性。鉴于考生复习时间相对较少，为了帮助大家利用有限的时间达到高效复习的目的，本书针对每个考点的不同情形分析了各考点的考核侧重点、难易情况、命题意图、问题的设置方式、问题的陷阱等内容，为考生指明了复习的方向和方法。

4. 关联性。案例分析题部分以考点为核心，并以典型例题列举体现，将例题中涉及的知识点进行详细解析，重点阐释各知识点的潜在联系，明示各种题型组合。

本套丛书是在作者团队的通力合作下完成的，相信我们的努力，一定会帮助考生轻松过关。

为了配合考生备考复习，我们开通了答疑QQ群：746523050，配备了专家答疑团队，以便及时解答考生所提的问题。

由于时间仓促，书中难免会存在不足之处，敬请读者批评指正。

考试相关情况说明

一、报考条件

凡遵守中华人民共和国宪法、法律、法规，具有良好的业务素质和道德品行，具备下列条件之一者，可以申请参加初级注册安全工程师职业资格考试：

（1）具有安全工程及相关专业中专学历，从事安全生产业务满4年；或具有其他专业中专学历，从事安全生产业务满5年。

（2）具有安全工程及相关专业大学专科学历，从事安全生产业务满2年；或具有其他专业大学专科学历，从事安全生产业务满3年。

（3）具有大学本科及以上学历，从事安全生产业务。

二、考试科目、时间、题型、试卷分值

考试科目	考试时间	题型	试卷分值
《安全生产法律法规》	2h	主观题	100分
《安全生产实务》	2.5h	主观题、客观题	100分

注：《安全生产实务》科目分为煤矿安全、金属非金属矿山安全、化工安全、金属冶炼安全、建筑施工安全、道路运输安全和其他安全（不包括消防安全），考生在报名时可根据实际工作需要选择其一。

三、考试成绩管理

初级注册安全工程师职业资格考试成绩实行两年为一个周期的滚动管理办法，参加考试人员必须在连续的两个考试年度内通过全部科目，方可取得初级注册安全工程师职业资格证书。

四、合格证书

初级注册安全工程师职业资格考试合格者，由各省、自治区、直辖市人力资源社会保障部门颁发注册安全工程师（初级）职业资格证书。该证书由各省、自治区、直辖市应急管理、人力资源社会保障部门共同用印，原则上在所在行政区域内有效。各地可根据实际情况制定跨区域认可办法。

五、注册

国家对注册安全工程师职业资格实行执业注册管理制度，按照专业类别进行注册。取得注册安全工程师职业资格证书的人员，经注册后方可以注册安全工程师名义执业。

申请注册的人员，必须同时具备下列基本条件：

（1）取得注册安全工程师职业资格证书；

（2）遵纪守法，恪守职业道德；

（3）受聘于生产经营单位安全生产管理、安全工程技术类岗位或安全生产专业服务机构从事安全生产专业服务；

（4）具有完全民事行为能力，年龄不超过70周岁。

六、执业

注册安全工程师在执业活动中,必须遵纪守法,恪守职业道德和从业规范,诚信执业,主动接受有关主管部门的监督检查,加强行业自律。

注册安全工程师不得同时受聘于两个或两个以上单位执业,不得允许他人以本人名义执业,不得出租出借证书。违反上述规定的,由发证机构撤销其注册证书,五年内不予重新注册;构成犯罪的,依法追究刑事责任。

注册安全工程师的执业范围包括:安全生产管理;安全生产技术;生产安全事故调查与分析;安全评估评价、咨询、论证、检测、检验、教育、培训及其他安全生产专业服务。

备考复习指南

关于初级注册安全工程师职业资格考试备考，很多考生都或多或少存在一些疑虑，也容易走弯路，在这里给大家准备了复习方法。

1. 制订学习计划——我们发现，有些考生尽管珍惜分分秒秒，但学习效果却不理想；有些考生学习时间似乎并不多，却记得牢，不易忘记。俗话说，学习贵有方，复习应有法。后者就是能在学习前制订学习计划，并能遵循学习规律，科学地组织复习。

2. 化整为零，各个击破——切忌集中搞"歼灭"战，要化整为零，各个击破，应分配在几段时间内，如几天、几周内，分段去完成任务。

3. 突击重要考点——考生要注意抓住重点进行复习。每门课程都有其必考知识点，这些知识点在每年的试卷上都会出现，只不过是命题形式不同罢了，可谓万变不离其宗。对于重要的知识点，考生一定要深刻把握，要能够举一反三，做到以不变应万变。

4. 通过习题练习巩固已掌握的知识——找一本好的复习资料进行巩固练习，好的资料应该按照考试大纲和指定教材的内容，以考题的形式进行归纳整理，并附有一定参考价值的练习习题，但复习资料不宜过多，选一两本就行，多了容易分散精力，反而不利于复习。

5. 实战模拟——建议考生找三套模拟试题，一套在通读教材后做，找到薄弱环节，在突击重要考点时作为参考；一套在考试前一个月做，判断一下自己的水平，针对个别未掌握的内容有针对性地去学习；一套在考试前一周做，按规定的考试时间来完成，掌握答题的速度，体验考场的感觉。

6. 胸有成竹，步入考场——进入考场后，排除一切杂念，尽量使自己很快地平静下来。试卷发下来以后，要听从监考老师的指令，填好姓名、准考证号和科目代码，涂好准考证号和科目代码等，紧接着就安心答题。

7. 通过考试，领取证书——考生按上述方法备考，一定可以通过考试。

答题方法解读

1. 单项选择题答题方法：单项选择题每题1分，由题干和4个备选项组成，备选项中只有1个最符合题意，其余3个都是干扰项。如果选择正确，则得1分，否则不得分。单项选择题大部分来自考试用书中的基本概念、原理和方法，一般比较简单。如果考生对试题内容比较熟悉，可以直接从备选项中选出正确项，以节约时间。当无法直接选出正确选项时，可采用逻辑推理的方法进行判断选出正确选项，也可通过逐个排除不正确的干扰选项，最后选出正确选项。通过排除法仍不能确定正确项时，可以凭感觉进行猜测。当然，排除的备选项越多，猜中的概率就越大。单项选择题一定要作答，不要空缺。单项选择题必须保证正确率在75%以上，实际上这一要求并不是很高。

2. 多项选择题答题方法：多项选择题每题2分，由题干和5个备选项组成，备选项中至少有2个、最多有4个最符合题意，至少有1个是干扰项。因此，正确选项可能是2个、3个或4个。如果全部选择正确，则得2分；只要有1个备选项选择错误，则该题不得分。如果所选答案中没有错误选项，但未全部选出正确选项时，选择的每1个选项得0.5分。多项选择题的作答有一定难度，考生考试成绩的高低及能否通过考试科目，在很大程度上取决于多项选择题的得分。考生在作答多项选择题时，要首先选择有把握的正确选项，对没有把握的备选项最好不选，宁缺毋滥，除非有绝对选择正确的把握，最好不要选4个答案。当对所有备选项均没有把握时，可以采用猜测法选择1个备选项，得0.5分总比不得分强。多项选择题中至少应该有30%的题考生是可以完全正确选择的，这就是说可以得到多项选择题的30%的分值，如果其他70%的多项选择题，每题选择2个正确答案，那么考生又可以得到多项选择题的35%的分值，这样就可以稳妥地过关。

3. 主观题答题方法：考核主观题的目的是综合考查考生对有关的基本内容、基本概念、基本原理、基本原则和基本方法的掌握程度以及检验考生灵活应用所学知识解决工作实际问题的能力。具体的答题技巧如下：

（1）审题。迅速查看题中所问，初步判断考查方向，带着问题去看背景资料，建议阅读两遍。厘清背景材料中的各种关系和相关条件，根据问题的设置来确定考查的具体知识。

（2）析题。首先要确定案例内容涉及的知识点；其次要看清楚题型，抓重点；最后全面考虑问题，厘清思路。

（3）答题。看清楚问题的内容，充分利用背景资料中的条件，确定解答该问题所需运用的知识内容，问什么答什么，不要画蛇添足。

填涂答题卡技巧

考生在标准化考试中最容易出现的问题是填涂不规范，以致在机器阅读答题卡时产生误差。解决这类问题的最简单方法是将铅笔削好，铅笔不要削得太细太尖，应削磨成马蹄状或直接削成方形，这样，一个答案信息点最多涂两笔就可以涂好，既快又标准。

进入考场拿到答题卡后，不要忙于答题，而应在监考老师的统一组织下将答题卡表头中的个人信息、考场考号、科目信息按要求进行填涂，即用蓝色或黑色钢笔、签字笔填写姓名和准考证号，用2B铅笔涂黑考试科目和准考证号。不要漏涂、错涂考试科目和准考证号。

在填涂选择题时，考生可根据自己的习惯选择下列方法进行：

先答后涂法——考生拿到试题后，先审题，并将自己认为正确的答案轻轻标记在试卷相应的题号旁，或直接在自己认为正确的备选项上做标记。待全部题目做完，经反复检查确认不再改动后，将各题答案移植到答题卡上。采用这种方法时，需要在最后留有充足的时间，以免移植时间不够。

边答边涂法——考生拿到试题后，一边审题，一边在答题卡相应位置上填涂，边答边涂，齐头并进。采用这种方法时，一旦要改变答案，需要特别注意将原来的选择记号用橡皮擦干净。

边答边记加重法——考生拿到试题后，一边审题，一边将所选择的答案用铅笔在答题卡相应位置上轻轻记录，待审定确认不再改动后，再加重涂黑。需要在最后留有充足的时间进行加重涂黑。

本书的特点与如何学习本书

本书作者专职从事考前培训、辅导用书编写等工作，他们有一套科学独特的学习模式，为考生提供考前名师会诊，帮助考生制订学习计划、圈画考试重点、厘清复习脉络、分析考试动态、把握命题趋势，为考生提示答题技巧、解答疑难问题、提供预测押题。

本套丛书把出题方式、出题点、采分点都做了归类整理。作者通过翻阅大量的资料，把一些重点难点的知识以通俗易懂的方式呈现给出来。

本套丛书主要是在分析相关考试命题规律基础上，启发考生复习备考的思路，引导考生应该着重对哪些内容进行学习。这部分内容主要是对考试大纲的细化。根据考试大纲的要求，提炼考点，每个考点的试题均根据考试大纲考点分布的规律去编写。

本套丛书旨在帮助考生提炼考试考点，以节省考生时间，达到事半功倍的复习效果。书中提炼了考生应知应会的重点内容，指出了经常涉及的考点以及应掌握的程度。本书是从考生的角度进行学以致考的经典问题汇编，对广大考生具有很强的借鉴作用。

本套丛书既能使考生全面、系统、彻底地解决在学习中存在的问题，又能让考生准确地把握考试的方向。本书的作者旨在将多年积累的应试辅导经验传授给考生，对辅导教材中的每一部分都做了详尽的讲解，辅导教材中的问题都能在书中解决，完全适用于自学。

一、本书为什么采取这种体例来编写？

（1）为了不同于市场上的同类书，别具一格。市场上的同类书总结一下有这么几种：一是几套真题＋几套模拟试卷；二是对教材知识的精编；三是知识点＋历年真题＋练习题。同质性很严重，本书将市场上的这三种体例融合到一起，创造一种市场上从未有过的编写体例。

（2）为了让读者完整系统地掌握重要考点。本书选择高频采分点编排考点，尽量一题涵盖所有相关可考知识点。可以说学会本书内容，不仅可以过关，还可能会得到高分。

（3）为了让读者掌握所有可能出现的题目。本书将每一考点所有可能出现的题目都一一列举。这样做有助于考生更全面地、多角度地精准记忆，从而提高复习效率。

（4）为了让读者既掌握正确答案的选择方法，又会区分干扰项答案。本书不但将每一题目所有可能出现的正确选项一一列举，而且还将所有可能作为干扰答案的选项一一列举。本书中1个题目可以代替其他辅导书中的3～8个题目，其他辅导书限于篇幅的原因，原本某一考点可能会出6个题目，却只编写了2个题目，考生学习后未必能全部掌握该考点，造成在考场上答题时觉得见过但不会解答的情况，本书可以解决这个问题。

（5）为了让读者掌握安全生产实务案例分析中所涉及的重点内容，我们针对每个考点精心设置了典型例题，将考核要点的关联性充分地体现在同一道题目当中，对每个考点设置的案例提供了参考答案，并逐一对问题涉及的考点进行详细讲解，还对该考点的考核形式进行小结，考生通过认真学习，不仅能获得准确答案，而且能掌握不同的解题思路，为考前训练打下良好基础。

二、本书的内容是如何安排的？

（1）针对题干的设置。本书在设置每一考点的题干时，看似只是对一个考点的提问，其实不然，部分题干中也可以独立成题。

（2）针对选项的设置。本书中的每一个题目，不仅把所有正确选项和错误选项一一列举，而且还把可能会设置为错误选项的题干也做了全面的总结，体现在该题中。

（3）多角度问答。【细说考点】中会将相关考点以多角度问答方式进行充分的提问与表达，旨在帮助考生灵活应对较为多样的考核形式，可以做到以一题抵多题。

（4）针对可以作为互为干扰项的内容，本书将涉及原则、方法、依据等容易作为互为干扰项的知识分类整理到一个考点中，因为这些考点在考题中通常会互为干扰项出现。

（5）针对计算型的选择题，本书不仅将正确答案的计算过程详细列出，而且还会告诉考生选择了错误选项的错误做法。有些计算题可能有几种不同的计算方法，我们都会一一介绍。

（6）针对很难理解的内容，我们总结了一套易于接受的直接应对解答习题的方法来引导考生。

（7）针对容易混淆的内容，我们将容易混淆的知识点整理归纳在一起，指出哪些细节容易混淆及该如何清晰辨别。

（8）针对安全生产实务案例分析部分：

①考点按照重要知识点进行设置。

②以案例分析题展开详解。本书中的每一个题目，我们会告诉考生需要掌握哪些内容，并对重点内容进行详细讲解，还把这个考点所涉及的考核形式进行了总结，都体现在该题中。

三、考生如何学习本书？

本书是以题的形式体现必考点、常考点，因为考生的目的是通过学习知识在考场上解答考题而通过考试。具体在每一专题设置了以下两个板块：【可考题目与题型】【细说考点】。

下面说一下如何来学习本书：

（一）如何学习【可考题目与题型】？

（1）该部分是将每专题内容划分为若干个常考的考点作为单元来讲解的。这些考点必须要掌握，只要把这些考点掌握了，通过考试是没有问题的。尤其是对那些没有大量时间学习的考生更适用。

（2）每一考点下以一题多选项多解的形式进行呈现。这样可以将本考点下所有可能出现的知识点一网打尽，不需要考生再多做习题。

（3）题目的题干是综合了考试题目的叙述方法总结而成，具有代表性。题干中既包含本题所需要解答的问题，又包括本考点下可能以单项选择题出现的知识点。虽然看上去都是以多项选择题的形式出现的，但是单项选择题的采分点也包括在本题题干中了。部分题干的第一句话就是单项选择题的采分点。

（4）每一道题目的选项不仅将该题所有可能会出现的正确选项都进行整理、总结、一一呈现，而且还将可能会作为干扰选项的都详细整理呈现（这些干扰选项也是其他考点的正确选项，会在【细说考点】中详细解释），只要考生掌握了这个题目，不论怎么命题都不会超出这个范围。

（5）部分题目的正确选项和错误选项整理在一起，有助于考生总结一些规律来记忆，本书在【细说考点】中为考生总结了规律。考生可以根据自己总结的规律学习，也可以根据我们总结的规律来学习。

（6）针对安全生产实务案例分析部分：

①每一考点下以一题多提问的形式进行呈现，这样可以将本考点所涉及的知识点进行系统学习，不需要考生再多做习题。

②每一考点下设置的案例分析题都是具有代表性的题目，每个题目下的问题都是一个典型知识点，这些知识点都是考生要掌握的内容，考生学习完一个题目就知道该考点的重点包括哪些内容。

③每一道题目所涉及的知识点我们都对其进行整理总结，而且还将该考点的考核形式、命题方式、分析内容等在【细说考点】里说明，只要考生掌握了这类题目，不论怎么命题，对于类似题目答起来都会得心应手。

（二）如何学习【细说考点】？

（1）提示考生在这一考点下有哪些采分点，并对采分点的内容进行了总结和归类，有助于考生对比学习，这些内容一定要掌握。

（2）提示考生哪些内容不会作为考试题目出现，不需要考生去学习，本书也不会讲解这方面的知识，以减轻考生的学习负担。

（3）提示本题的干扰项会从哪些考点的知识中选择，考生应该根据这些选项总结出如何区分正确与否的方法。

（4）把本章各节或不同章节具有相关性（比如依据、原则、方法等）的考点归类在某一考点下，给考生很直观的对比和区分。因为考试时，这些相关性的考点都是互相作为干扰选项而出现的。本书还将与本题具有相关性的考点分别编写了一个题目供考生对比学习。

（5）对本考点总结一些学习方法、记忆规律、命题规律，这些都是给考生以方法上的指导。

（6）提示考生除了掌握本题之外，还需要掌握哪些知识点，本书不会遗漏任何一个可考知识点。本书通过表格、图形的方式归纳可考知识点，这样会给考生很直观的学习思路。

（7）提示考生某一考点在命题时会有几种题型出现，而不管以哪种题型出现，解决问题的知识点是不会改变的，考生一定要掌握正面和反面出题的解题思路。

（8）提示考生对易混淆的概念如何判断其说法是否正确。

（9）把某一题型所有可设置的正确选项做详细而易于掌握、记忆的总结，就是把所有可能作为选项的知识通过通俗易懂的理论进行阐述，考生可根据该理论轻松确定选项是否正确。

（10）有些题目只列出了正确选项，把可能会出现的错误选项在【细说考点】中总结归纳，这样安排是为了避免考生在学习过程中混淆。此种安排只针对那些容易混淆的知识而设置。

（11）有些计算题在本书中总结了几种不同的解题方法，考生可根据自己的喜好选择一种方法学习，没有必要几种方法都掌握。

（12）对于安全生产实务案例分析部分，会把某些题目下所涉及的要点分析总结在某一考点下，帮助考生能进行系统的学习。

四、本书可以提供哪些增值服务？

序号	增值项目	说明
1	学习计划	专职助教为每位考生合理规划学习时间，制订学习计划，提供备考指导
2	复习方法	专职助教针对每位考生学习情况，提供复习方法
3	知识导图	免费为每位考生提供各科目的知识导图
4	重、难知识点归纳	专职助教把所有重点、难点归纳总结，剖析考试精要
5	难点解题技巧	对于计算题，难度大的、典型的案例分析题可采用微信公众号获取详细解题过程，学习解题思路
6	轻松备考	通过微信公众号获得考试资讯、行业动态、应试技巧、权威老师重点内容讲解及必刷题，可随时随地学习
7	5页纸	考前一周免费为考生提供浓缩知识点
8	两套预测试卷	在考前2周免费为考生提供两套预测试卷，作为考试前冲刺
9	免费答疑	通过QQ或微信在线为每位考生解答疑难问题，解决学习过程中的疑惑

目　录

考试相关情况说明
备考复习指南
答题方法解读
填涂答题卡技巧
本书的特点与如何学习本书

第一讲　安全生产管理 ·· 1
　专题一　安全生产规章制度及安全技术措施计划 ······················· 1
　　考点1　安全生产规章制度体系——综合安全管理制度 ············ 1
　　考点2　安全生产规章制度体系——人员、设备设施及环境安全管理制度 ··· 2
　　考点3　安全生产规章制度的管理 ······································ 2
　　考点4　安全技术措施计划的核心——安全技术措施 ················ 3
　　考点5　安全技术措施计划的项目范围 ································· 5
　专题二　安全生产工作 ··· 6
　　考点1　主要负责人及管理人员的安全生产教育培训 ················ 6
　　考点2　特种作业人员及其培训 ··· 6
　　考点3　三级安全教育培训 ··· 7
　　考点4　岗位及重新上岗安全教育培训 ································· 8
　　考点5　各类人员安全生产教育培训的时间 ··························· 8
　　考点6　安全生产检查项目 ··· 9
　　考点7　安全生产检查的类型 ·· 10
　　考点8　安全生产检查的工作程序 ······································ 10
　　考点9　建设项目安全设施"三同时" ·································· 11
　　考点10　不同阶段建设项目安全设施的资料提交 ···················· 12
　　考点11　建设项目安全设施的审查 ····································· 13
　　考点12　劳动防护用品的管理 ··· 14
　专题三　危险、有害因素的辨识 ·· 14
　　考点1　危险、有害因素的分类 ··· 14
　　考点2　危险、有害因素辨识方法 ······································ 15
　　考点3　危险、有害因素的识别 ··· 16
　专题四　重大危险源 ·· 17
　　考点1　危险化学品重大危险源的辨识 ································· 17
　　考点2　危险化学品重大危险源的重新辨识 ··························· 18
　　考点3　危险化学品单位的登记建档及备案 ··························· 19

考点4 重大危险源的安全管理 ··································· 19
考点5 重大危险源的监督检查 ··································· 20

专题五 危险场所作业 ··· 21
考点1 危险场所作业 ·· 21
考点2 动火、高处、吊装、受限空间作业许可证的办理、审批和使用 ··· 21
考点3 安全警示标志 ·· 23

专题六 应急管理 ·· 24
考点1 事故应急预案编制的基本要求 ·························· 24
考点2 事故应急预案编制的法律责任 ·························· 24
考点3 事故应急程序 ·· 25
考点4 应急演练的原则 ··· 26
考点5 应急演练的类型 ··· 26
考点6 应急演练的执行 ··· 28
考点7 演练结束与意外终止 ···································· 28
考点8 应急预案的评估 ··· 29

专题七 职业危害识别与控制 ···································· 30
考点1 职业性有害因素分类 ···································· 30
考点2 职业危害评价方法 ······································ 32
考点3 影响毒物毒性作用的因素 ······························ 32
考点4 生产性粉尘 ·· 33
考点5 尘肺 ·· 34
考点6 电磁辐射 ··· 34
考点7 异常气象条件下的作业 ································· 35
考点8 职业危害控制 ·· 36

专题八 安全生产标准化 ··· 37
考点1 安全标准化建设的核心要求 ···························· 37
考点2 目标职责 ··· 38
考点3 制度化管理 ·· 39
考点4 现场管理 ··· 39
考点5 安全生产投入的责任主体 ······························ 40
考点6 安全生产费用的使用 ···································· 41

专题九 生产安全事故调查与分析 ······························ 41
考点1 事故等级 ··· 41
考点2 伤害事故的分类 ··· 43
考点3 伤害分析 ··· 44
考点4 生产安全事故上报 ······································ 45
考点5 事故调查报告的内容 ···································· 46
考点6 事故调查的组织 ··· 47

考点 7	事故调查组的组成	48
考点 8	事故发生的原因	48
考点 9	事故性质和事故责任分析	49
考点 10	有关生产安全事故调查与分析的时限	49
考点 11	事故调查报告的批复	51
考点 12	事故隐患的分类	51
考点 13	事故隐患的排查	52
考点 14	重大事故隐患治理	52

第二讲 安全生产技术基础 ······ 54

专题一 机械、电气安全技术 ······ 54

考点 1	机械的危险有害因素	54
考点 2	机械伤害预防对策	55
考点 3	机械安全设计	56
考点 4	机器安全防护装置	57
考点 5	机械制造场所安全技术	58
考点 6	电击	59
考点 7	电伤	60
考点 8	电气引燃源	60
考点 9	电气装置及电气线路火灾	61
考点 10	雷电与静电的危害形式和事故后果	62
考点 11	触电防护技术	63
考点 12	建筑物防雷的分类	64
考点 13	防雷装置	65
考点 14	防雷措施	66
考点 15	静电防护措施	67

专题二 防火防爆安全技术 ······ 68

考点 1	火灾的分类	68
考点 2	防火、防爆基本技术措施	69
考点 3	明火控制措施	69
考点 4	爆炸控制措施	70
考点 5	阻火隔爆装置与防爆泄压装置	71
考点 6	生产性粉尘的理化性质	72
考点 7	生产性粉尘治理的技术措施	72
考点 8	民用爆破器材的分类	73
考点 9	民用爆破器材的防爆措施	74
考点 10	烟花爆竹的性质	75
考点 11	烟花爆竹、烟火药安全生产的措施	75

专题三　特种设备安全技术 ··· 76
　　考点1　特种设备的安全管理 ··· 76
　　考点2　起重机械安全装置 ·· 77
　　考点3　起重机驾驶员安全操作技术 ··· 78
　　考点4　司索工安全操作技术 ··· 79
　　考点5　锅炉使用中的监督调节 ··· 80
　　考点6　锅炉的正常停炉 ·· 81
　　考点7　锅炉的紧急停炉 ·· 81
　　考点8　压力容器运行期间的检查 ··· 82
　　考点9　压力容器的紧急停运 ··· 82
　　考点10　锅炉安全附件及其使用要求 ······································· 83
　　考点11　压力容器安全附件及其使用要求 ······························· 84
　　考点12　锅炉爆炸事故及预防 ··· 85
　　考点13　其他典型锅炉事故及事故的控制措施 ······················· 85
　　考点14　压力容器事故的应急措施 ··· 87
　　考点15　起重机械重物失落事故 ··· 88
　　考点16　起重机械机体毁坏事故 ··· 88
　　考点17　起重机械事故的预防措施 ··· 89

专题四　危险化学品安全技术 ··· 90
　　考点1　危险化学品的主要危险特性 ··· 90
　　考点2　危险化学品运输安全技术与要求 ································· 90
　　考点3　危险化学品储存的基本要求 ··· 91
　　考点4　危险化学品的泄漏及火灾控制措施 ····························· 92
　　考点5　特殊化学品火灾扑救注意事项 ····································· 92
　　考点6　危险废弃物销毁 ·· 93
　　考点7　工业毒性危险化学品对人体的危害 ····························· 94
　　考点8　危险化学品事故的控制和防护措施 ····························· 95
　　考点9　急性中毒的现场抢救 ·· 96

专题五　特殊作业安全技术 ··· 96
　　考点1　动火分析 ·· 96
　　考点2　动火作业安全防范措施 ··· 97
　　考点3　受限空间作业要求 ·· 98
　　考点4　受限空间作业的防护措施 ··· 99

第三讲　建筑施工安全技术 ··· 100

专题一　土石方及基坑工程 ··· 100
　　考点1　土的分类 ·· 100
　　考点2　边坡稳定因素 ·· 100

XVII

  考点 3 土方开挖及基坑和边坡施工技术 …………………………………… 101
  考点 4 基坑和管沟常用的支护方法 ……………………………………… 102
  考点 5 土方开挖的安全措施 ………………………………………………… 103
 专题二 模板工程 ………………………………………………………………… 104
  考点 1 模板的分类 …………………………………………………………… 104
  考点 2 模板的结构设计要求 ………………………………………………… 105
  考点 3 模板工程所使用的木材 ……………………………………………… 105
  考点 4 模板的面板材料 ……………………………………………………… 106
  考点 5 模板工程的荷载规定 ………………………………………………… 106
  考点 6 模板的设计内容 ……………………………………………………… 107
  考点 7 支承楞梁计算 ………………………………………………………… 107
  考点 8 柱箍 …………………………………………………………………… 107
  考点 9 模板安装的规定 ……………………………………………………… 108
  考点 10 拆模顺序和方法 ……………………………………………………… 109
  考点 11 拆模时的混凝土强度 ………………………………………………… 109
  考点 12 现浇楼盖、框架结构拆模 …………………………………………… 110
 专题三 建筑构件及设备吊装工程 ……………………………………………… 111
  考点 1 千斤顶的使用 ………………………………………………………… 111
  考点 2 倒链的使用 …………………………………………………………… 111
  考点 3 卡环的使用 …………………………………………………………… 112
  考点 4 绳卡的类型 …………………………………………………………… 112
  考点 5 绳卡的使用注意事项 ………………………………………………… 112
  考点 6 绞磨 …………………………………………………………………… 113
  考点 7 行车梁、屋架的吊装 ………………………………………………… 114
  考点 8 设备吊装 ……………………………………………………………… 114
 专题四 拆除工程 ………………………………………………………………… 115
  考点 1 拆除工程施工安全规定 ……………………………………………… 115
  考点 2 采用控制爆破拆除工程的规定 ……………………………………… 116
  考点 3 安全技术交底 ………………………………………………………… 116
  考点 4 安全技术措施的实施 ………………………………………………… 117
 专题五 建筑施工机械 …………………………………………………………… 117
  考点 1 混凝土搅拌机 ………………………………………………………… 117
  考点 2 卷扬机的分类 ………………………………………………………… 118
  考点 3 蛙式打夯机的使用要点 ……………………………………………… 118
  考点 4 冷拉机 ………………………………………………………………… 119
  考点 5 切断机操作时应注意的事项 ………………………………………… 119
  考点 6 木工机械 ……………………………………………………………… 119
  考点 7 水泵 …………………………………………………………………… 120

专题六　垂直运输机械	120
考点1　塔式起重机分类	120
考点2　起重机的基本参数	121
考点3　塔式起重机安全操作注意事项	122
考点4　龙门架（井字架）物料提升机的构造	122
考点5　龙门架（井字架）物料提升机的安全防护装置	123
考点6　龙门架（井字架）物料提升机的缆风绳	123
考点7　龙门架（井字架）物料提升机的安装	124
考点8　建筑施工外用电梯	124
专题七　脚手架工程	124
考点1　脚手架的材质与规格	124
考点2　脚手架的荷载及基本构造	125
考点3　扣件式钢管脚手架的大横杆（纵向水平杆）的构造	126
考点4　扣件式钢管脚手架小横杆（横向水平杆）的构造	126
考点5　扣件式钢管脚手架脚手板的构造	127
考点6　扣件式钢管脚手架立杆、连墙件的构造	128
考点7　脚手架的使用与管理	128
专题八　高处作业工程	129
考点1　高处作业概念及分级	129
考点2　临边作业的防护技术措施	129
考点3　洞口作业安全防护技术措施	130
考点4　攀登作业的安全防护技术措施	131
考点5　悬空作业的安全防护技术措施	131
考点6　交叉作业的安全防护技术措施	132
专题九　施工现场临时用电工程	133
考点1　施工现场临时用电组织设计	133
考点2　施工现场对外电线路的安全距离	134
考点3　施工现场对外电线路的防护	134
考点4　施工现场临时用电的接地与防雷	135
考点5　施工现场配电室的位置及布置	136
考点6　施工现场架空线路的安全要求	137
考点7　施工现场电缆线路的安全要求	137
考点8　施工现场配电箱与开关箱的设置	138
考点9　施工现场配电箱与开关箱的电器选择	138
考点10　施工现场的照明	139
考点11　手持电动工具	139
专题十　焊接工程	140
考点1　焊接作业的安全操作要求	140

考点2　气焊、气割与安全 ··· 141
专题十一　建筑施工防火安全 ··· 141
　　考点1　建筑构件的燃烧性能分类 ··· 141
　　考点2　建筑材料的燃烧性能分类 ··· 142
　　考点3　建筑施工引起火灾和爆炸的间接原因 ··· 142
　　考点4　建筑施工引起火灾和爆炸的直接原因 ··· 143
　　考点5　建筑施工引起火灾和爆炸扩大成为灾害的原因 ·· 143
　　考点6　引起火灾爆炸的点火源 ·· 143
　　考点7　禁火作业区、仓库区和现场的生活区的防火安全距离 ····································· 144
　　考点8　一、二级动火区域施工防火措施 ·· 144
　　考点9　焊接、切割中防火防爆措施 ·· 145

第四讲　安全生产案例分析 ··· 146
专题一　危害有害因素辨识和危险化学品重大危险源 ·· 146
　　考点1　危险和有害因素辨识 ··· 146
　　考点2　重大危险源 ··· 168
专题二　安全生产事故隐患、控制及治理 ·· 175
　　考点　安全生产事故隐患、控制及治理 ·· 175
专题三　应急预案及安全生产事故分析 ··· 186
　　考点1　应急预案 ·· 186
　　考点2　安全生产事故分析 ·· 197

第一讲
安全生产管理

专题一 安全生产规章制度及安全技术措施计划

考点1 安全生产规章制度体系——综合安全管理制度

(题干)按照安全系统工程和人机工程原理建立的安全生产规章制度体系,包括综合管理、人员管理、设备设施管理、环境管理四类。下列管理制度中属于综合安全管理制度的是(ABCDEFGHIJKLM)。

A.安全生产责任制 B.安全管理定期例行工作制度
C.承包与发包工程安全管理制度 D.安全设施和费用管理制度
E.重大危险源管理制度 F.危险物品使用管理制度
G.消防安全管理制度 H.隐患排查和治理制度
I.交通安全管理制度 J.防灾减灾管理制度
K.事故调查报告处理制度 L.应急管理制度
M.安全奖惩制度

细说考点

1.本考点还可能作为考题的题目:

(1)明确生产经营单位各级领导、各职能部门、管理人员及各生产岗位的安全生产责任、权利和义务的制度是(A)。

(2)在综合安全管理制度的具体内容中,(D)应明确生产经营单位安全设施的日常维护、管理。

(3)综合安全管理制度中,需登记建档,定期检测、评估、监控的制度是(E)。

(4)对生产经营单位内的设备、设施及场所进行周期性的逐个检查,此行为属于安全生产规章制度中的(H)。

(5)明确生产经营单位内部事故标准、报告程序、现场应急处置、现场保护、资料收集、相关当事人调查、技术分析、调查报告编制等内容属于综合安全管理制度中的(K)。

2.以上题目均考核的是各项综合安全管理制度应明确的内容。在考试时也可能会跳出综合安全管理制度的范畴，将四类安全生产规章制度的内容放在一起考核，让考生判断哪一项属于综合安全管理制度、哪一项属于人员管理制度或是其他管理制度。比如：

按照安全系统工程和人机工程原理建立的安全生产规章制度体系，一般将规章制度分为四类，隐患排查和治理制度属于安全生产规章制度的（A）类。
A. 综合管理　　　　　　　　　　　　B. 人员管理
C. 设备设施　　　　　　　　　　　　D. 环境管理

考点 2　安全生产规章制度体系——人员、设备设施及环境安全管理制度

（题干） 下列规章制度中，归属于人员安全管理制度的是（ABCDEFG）。
A. 安全教育培训制度　　　　　　　　B. 劳动防护用品发放使用和管理制度
C. 安全工器具的使用管理制度　　　　D. 特种作业及特殊危险作业管理制度
E. 岗位安全规范　　　　　　　　　　F. 职业健康检查制度
G. 现场作业安全管理制度　　　　　　H."三同时"制度
I. 定期巡视检查制度　　　　　　　　J. 定期维护检修制度
K. 定期检测、检验制度　　　　　　　L. 安全操作规程
M. 安全标志管理制度　　　　　　　　N. 作业环境管理制度
O. 职业卫生管理制度

细说考点

1. 本考点还可能作为考题的题目：
（1）在安全生产规章制度体系中，应归属于设备设施安全管理制度具体内容的是（HIJKL）。
（2）生产经营单位所编制的环境安全管理制度的内容应包括（MNO）。
（3）某公司相关部门起草安全生产规章制度，对各项管理制度分类时，安全工器具的种类、使用前检查标准和定期检验等内容属于（C）。

2. 按照安全系统工程和人机工程原理建立的安全生产规章制度如何分类，前述内容已经提到，此处不再赘述，除了这一分类标准外，考生还应知道：
（1）<u>按照标准化工作体系建立的安全生产规章制度体系可分为技术标准、工作标准和管理标准</u>；
（2）<u>按照职业安全健康管理体系建立的安全生产规章制度可分为手册、程序文件、作业指导书</u>。

考点 3　安全生产规章制度的管理

（题干） 生产经营单位在编制安全生产规章制度时，主要程序包括（ABCDEFGH）。

A. 起草 B. 会签或公开征求意见
C. 审核 D. 签发
E. 发布 F. 培训
G. 反馈 H. 持续改进

> **细说考点**
>
> 1. 本考点还可能作为考题的题目：
> (1) 生产经营单位安全生产责任制应由负责安全生产管理的部门或相关职能部门进行（A）。
> (2) 安全生产规章制度（A）前，应对目的、适用范围、主管部门、解释部门及实施日期等给予明确，同时还应做好相关资料的准备和收集工作。
> (3) 安全生产规章制度在签发前，应由生产经营单位负责法律事务的部门进行（C）。
> (4) 对于涉及全员性的安全生产规章制度，在签发前应由职工代表大会或职工代表进行（C）。
> (5) 对于技术规程、安全操作规程等技术性较强的安全生产规章制度，一般由生产经营单位主管生产的领导或总工程师进行（D）。
> (6) 涉及全局性的综合管理制度应由生产经营单位的主要负责人进行（D）。
> (7) 重新修订的安全生产责任制，应组织相关人员进行（F），并进行考试。
> 2. 关于安全生产规章制度的管理还需要掌握以下采分点：
> (1) 安全生产规章制度的发布形式有红头文件、内部办公网络等。
> (2) 为了保证安全生产规章制度的持续改进，生产经营单位应每年制定规章制度、修订计划，并应公布现行有效的安全生产规章制度清单。对安全操作规程类规章制度，除每年进行审查和修订外，每3～5年应进行一次全面修订，并重新发布。

考点4 安全技术措施计划的核心——安全技术措施

（题干） 防止事故发生的安全技术措施是指为了防止事故发生，采取的约束、限制能量或危险物质，防止其意外释放的技术措施。常用的防止事故发生的安全技术措施有（ABCDE）。

A. 消除危险源 B. 限制能量或危险物质
C. 隔离 D. 故障—安全设计
E. 减少故障和失误 F. 设置薄弱环节
G. 个体防护 H. 避难与救援

> **细说考点**
>
> 1. 针对本考点，还可能考核的题目有：

（1）防止意外释放的能量引起人的伤害或物的损坏，或减轻其对人的伤害或对物的破坏的技术措施称为减少事故损失的安全技术措施。常用的减少事故损失的安全技术措施有（CFGH）。

（2）可以从根本上防止事故发生的安全技术措施是（A）。

（3）某乳品生产企业，因生产工艺要求需要对本成品进行冷却，内设一台容积为$10m^3$的储氨罐。为防止液氨事故发生，该企业对制冷工艺和设计进行改进，更换了一种新型制冷剂，完全能够满足生产工艺的要求。该项举措属于防止事故发生的安全技术措施中的（A）。

（4）某企业在一危险化学品库门前安装了一台静电释放器，所有进入库内人员必须触摸静电释放器，待静电释放后，方可入库作业，这种安全技术措施属于（B）。

（5）常用的控制能量或危险物质的安全技术措施是（C），采用这一措施既可以防止事故的发生，也可以防止事故的扩大，减少事故的损失。

（6）在系统、设备、设施的一部分发生故障或破坏的情况下，在一定时间内也能保证安全的技术措施是（D）。

（7）在防止事故发生的安全技术措施中，（E）是通过增加安全系数、增加可靠性或设置安全监控系统等来减轻物的不安全状态。

（8）为预防蒸汽加热装置过热造成超压爆炸，在设备本体上装设了易熔塞。采取这种安全技术措施的做法属于（F）。

（9）在减少事故发生的安全技术措施中，（G）是把人体与意外释放能量或危险物质隔离开，这是一种不得已的隔离措施，却是保护人身安全的最后一道防线。

2.安全技术措施按照导致事故的原因分类，可分为防止事故发生的安全技术措施和减少事故损失的安全技术措施两类，以上题目均是对这两类技术措施的考核。安全技术措施除了可以按照导致事故的原因进行分类外，还可以采用以下分类方式：

（1）安全技术措施按照行业可分为：煤矿安全技术措施、非煤矿山安全技术措施、石油化工安全技术措施、冶金安全技术措施、建筑安全技术措施、水利水电安全技术措施以及旅游安全技术措施等。

（2）安全技术措施按照危险、有害因素的类别可分为：防火防爆安全技术措施、锅炉与压力容器安全技术措施、起重与机械安全技术措施以及电气安全技术措施等。

关于分类可能会采用的考核形式是：在题干中给出分类标准，让考生判断选项中的哪一项与题干相符。

3.防止事故发生的安全技术措施可与减少事故损失的安全技术措施相互设置为干扰项，让考生进行区分，比如：

按照导致事故的原因，安全技术措施可分为防止事故发生的安全技术措施和减少事故损失的安全技术措施两类，常用的减少事故损失的安全技术措施有（B）。

A. 监控、隔离、故障—安全设计、消除危险源
B. 隔离、设置薄弱环节、个体防护、避难与救援
C. 隔离、故障—安全设计、设置薄弱环节、避难与救援
D. 监控、设置薄弱环节、个体防护、消除危险源

4. 减少事故损失的安全技术措施应遵循一定的优先原则，下面看一道相关的例题：

减少事故损失的安全技术措施一般遵循一定的优先原则。下列安全技术措施中，属于优先原则排序的是（C）。

A. 个体防护、隔离、避难与救援、设置薄弱环节
B. 设置薄弱环节、个体防护、隔离、避难与救援
C. 隔离、设置薄弱环节、个体防护、避难与救援
D. 个体防护、设置薄弱环节、避难与救援、隔离

考生应记住这一顺序。

考点5　安全技术措施计划的项目范围

（题干）安全技术措施计划的项目范围，包括安全技术措施、卫生技术措施、辅助措施以及安全宣传教育措施。其中，安全技术措施是指以防止工伤事故和减少事故损失为目的一切技术措施，包括（ABCD）。

A. 安全防护装置　　　　　　　B. 保险装置
C. 信号装置　　　　　　　　　D. 防火防爆装置
E. 防尘装置　　　　　　　　　F. 防毒装置
G. 防噪声与振动装置　　　　　H. 通风装置
I. 降温装置　　　　　　　　　J. 防寒装置
K. 防辐射装置

细说考点

1. 针对本考点，还可能考核的题目有：

安全技术措施计划中的卫生技术措施指改善对职工身体健康有害的生产环境条件、防止职业中毒与职业病的技术措施，主要包括（EFGHIJK）。

2. 安全技术措施计划中的辅助措施及安全宣传教育措施了解即可。

3. 对于安全技术措施计划还应掌握在编制每一项安全技术措施至少应包括的内容：措施应用的单位或工作场所；措施名称；措施目的和内容；经费预算及来源；实施部门和负责人；开工日期和竣工日期；措施预期效果及检查验收。

专题二　安全生产工作

考点1　主要负责人及管理人员的安全生产教育培训

(题干)生产经营单位主要负责人安全培训的内容应包括（ABDEFGH）。

A. 安全生产管理基本知识、安全生产技术
B. 安全生产专业知识
C. 职业卫生知识
D. 重大危险源管理、重大事故防范、应急管理和救援组织以及事故调查处理的有关规定
E. 国家安全生产方针、政策和有关安全生产的法律、法规、规章及标准
F. 职业危害及其预防措施
G. 国内外先进的安全生产管理经验
H. 典型事故和应急救援案例分析
I. 伤亡事故统计、报告及职业危害的调查处理方法
J. 应急管理、应急预案编制以及应急处置的内容和要求

细说考点

1. 针对本考点，还可能考核的题目有：
生产经营单位安全生产管理人员安全培训的内容应包括（ACEGHIJ）。

2. 对生产经营单位主要负责人及安全生产管理人员所进行的安全培训内容很多都是相同的，因此考生在记忆时可将两者进行对比，找出二者的相同项、区分二者的不同项，这样会达到事半功倍的效果。

考点2　特种作业人员及其培训

(题干)下列作业中，从业人员必须经过专门的安全技术培训，考试合格并取得资格证书，方可上岗的有（ABCDEFGHI）。

A. 电工作业　　　　　　　　　B. 焊接与热切割作业
C. 高处作业　　　　　　　　　D. 制冷与空调作业
E. 煤矿安全作业　　　　　　　F. 金属非金属矿山安全作业
G. 石油天然气安全作业　　　　H. 冶金（有色）生产安全作业

I. 危险化学品安全作业　　　　　　　　J. 烟花爆竹安全作业

> **细说考点**
>
> 本考点还可能进行考核的采分点有:
> (1) 特种作业人员应当接受与其所从事的特种作业相应的安全技术理论培训和实际操作培训。
> (2) 特种作业人员,可以在户籍所在地或者从业所在地参加培训。
> (3) 特种作业操作证有效期为 6 年,每 3 年复审 1 次。
> (4) 特种作业操作证申请复审或者延期复审前,特种作业人员应当参加(法律、法规、标准、事故案例和有关新工艺、新技术、新装备)等知识培训。

考点3　三级安全教育培训

(题干) 三级安全教育是指厂、车间、班组的安全教育,厂(矿)级岗前安全培训内容应包括(**ABCD**)。

A. 本单位安全生产情况及安全生产基本知识

B. 本单位安全生产规章制度和劳动纪律

C. 从业人员安全生产权利和义务

D. 有关事故案例

E. 工作环境及危险因素

F. 所从事工种可能遭受的职业伤害和伤亡事故

G. 所从事工种的安全职责、操作技能及强制性标准

H. 自救互救、急救方法、疏散和现场紧急情况的处理

I. 安全设备设施、个人防护用品的使用和维护

J. 预防事故和职业危害的措施及应注意的安全事项

K. 岗位安全操作规程

L. 岗位之间工作衔接配合的安全与职业卫生事项

> **细说考点**
>
> 1.针对本考点,还可能会考核的题目有:
> (1) 车间(工段、区、队)级岗前安全培训内容应当包括(**DEFGHIJ**)。
> (2) 班组级岗前安全培训内容应当包括(**DKL**)。
> 2.除生产经营单位主要负责人、安全生产管理人员以外,生产经营单位从事生产经营活动的所有人员(其他从业人员)都需要接受三级安全教育培训。
> 3.在考核三级安全教育中某一级的安全培训内容时可能会将其他两级的培训内容作为干扰项。除了安全培训内容外考生还应知道开展三级培训的时间各是什么时候。

7

(1) 厂（矿）级：入厂时。
(2) 车间级：从业人员工作岗位、工作内容基本确定后。
(3) 班组级：从业人员工作岗位确定后。

考点4　岗位及重新上岗安全教育培训

（题干） 某电力公司检修班组员甲受伤修养半年，康复后继续从事原工作，上岗前需要接受（B）。

A. 调整工作岗位全生产教育培训　　B. 离岗后重新上岗安全教育培训
C. 日常安全教育培训　　　　　　　D. 定期安全考试
E. 专题安全教育培训

细说考点

本考点还可能作为考题的题目：
(1) 岗位安全教育培训，是指连续在岗位工作的安全教育培训工作，主要包括（CDE）。
(2) 员工甲应上级要求调换工作岗位，由于岗位工作特点需要接受（A）。
(3) 某电力公司，每周安排半天时间以车间、班组为单位展开安全操作规程的学习培训及事故案例教育等，此培训属于（C）。
(4) 生产经营单位采用新工艺、新技术、新设备（新材料）时，需组织相关岗位对从业人员进行（E）。

考点5　各类人员安全生产教育培训的时间

（题干） 生产经营单位新上岗的从业人员，岗前安全培训时间不得少于（D）学时。

A. 12　　　　　　　　　　　　　　B. 16
C. 20　　　　　　　　　　　　　　D. 24
E. 32　　　　　　　　　　　　　　F. 48
G. 72

细说考点

针对本考点，还可能考核的题目有：
(1) 生产经营单位主要负责人和安全生产管理人员初次安全培训时间不得少于（E）学时。
(2) 生产经营单位主要负责人和安全生产管理人员每年再培训时间不得少于（A）学时。

(3) 煤矿、非煤矿山、危险化学品、烟花爆竹、金属冶炼等生产经营单位主要负责人和安全生产管理人员初次安全培训时间不得少于（F）学时。

(4) 煤矿、非煤矿山、危险化学品、烟花爆竹、金属冶炼等生产经营单位主要负责人和安全生产管理人员每年再培训时间不得少于（B）学时。

(5) 煤矿、非煤矿山、危险化学品、烟花爆竹、金属冶炼等生产经营单位新上岗的从业人员安全培训时间不得少于（G）学时。

(6) 煤矿、非煤矿山、危险化学品、烟花爆竹、金属冶炼等生产经营单位新上岗的从业人员每年再培训的时间不得少于（C）学时。

注：上述题目均采用单项选择题的形式进行考核，因此只需选择一个最符合题干要求的答案即可。

考点6　安全生产检查项目

（题干）对非矿山企业，依照国家有关规定必须进行强制性安全生产检查的项目有（ABCDEFGHIJKLMNOPQR）。

A. 锅炉　　　　　　　　　　B. 压力容器
C. 压力管道　　　　　　　　D. 电梯
E. 高压医用氧舱　　　　　　F. 起重机
G. 自动扶梯　　　　　　　　H. 施工升降机
I. 简易升降机　　　　　　　J. 防爆电器
K. 厂内机动车辆　　　　　　L. 客运索道
M. 游艺机及游乐设施　　　　N. 粉尘
O. 噪声　　　　　　　　　　P. 辐射
Q. 高温低温　　　　　　　　R. 有毒物质的浓度

细说考点

1. 非矿山企业强制性检查的项目是考生应重点掌握的内容，对矿山企业强制性检查的项目有所了解即可。

2. 在对这一考点进行考核时，为了增加难度可能不会将企业类型直接告诉考生，而是需要根据给出的已知信息来判断一下，比如："某大型企业主要生产生鲜及冷冻食品。厂区内有厂房、锅炉房、液氨压缩机房、办公楼电梯、简易货物升降机、污水处理站、食堂等设备设施。按照国家有关规定，该厂必须进行强制性安全检查的项目有（　　）。"对于这道题需要先通过已知条件判断该企业属于非矿山企业，然后再来选择与非矿山企业相匹配的强制性安全检查项目。

考点 7　安全生产检查的类型

(题干) 安全生产检查常用类型有（ABCDEF）。
A. 定期安全生产检查　　　　　　　　B. 经常性安全生产检查
C. 季节性及节假日前后安全生产检查　　D. 专业（项）安全生产检查
E. 综合性安全生产检查　　　　　　　　F. 职工代表不定期的安全生产巡查

> **细说考点**
>
> 1. 本考点还可能作为考题的题目：
> (1) 生产经营单位统一组织，通过有计划、有组织、有目的的形式来实现的安全生产检查是（A）。
> (2) 在安全生产检查的类型中，(A) 具有组织规模大、检查范围广、有深度，能及时发现并解决问题等特点。
> (3) 生产经营单位的安全生产管理部门、车间、班组或岗位组织进行的日常检查，属于（B）。
> (4) 交接班检查、班中检查、特殊检查属于安全生产检查类型中的（B）。
> (5) 由生产经营单位统一组织，根据季节变化，按事故发生的规律对易发的潜在危险，突出重点进行检查，属于（C）。
> (6) 对某个专业（项）问题或在施工（生产）中存在的普遍性安全问题进行的单项定性或定量检查，属于（D）。
> (7) 由上级主管部门或地方政府负有安全生产监督管理职责的部门，组织对生产单位进行的安全检查，属于（E）。
> (8) 根据《安全生产法》的有关规定，生产经营单位的工会定期组织职工代表进行的安全检查，属于（F）。
>
> 2. 安全生产检查是生产经营单位安全生产管理的重要内容，是保证设备系统的安全、可靠运行，实现安全生产的目的。

考点 8　安全生产检查的工作程序

(题干) 安全生产检查的工作程序包括（ABCDEFGHI）。
A. 确定检查对象、目标、任务　　　　B. 查阅、掌握有关法律法规的要求
C. 了解检查对象的工艺流程及生产情况　　D. 制定检查计划
E. 编写安全检查表或检查提纲　　　　F. 准备必要的检测工具
G. 挑选和训练检查人员　　　　　　　H. 实施安全检测
I. 综合分析

> **细说考点**
>
> 1. 本考点还可能作为考题的题目：
> (1) 安全生产检查的准备工作包括（ABCDEFG）。
> (2) 安全生产检查中，(H) 就是通过访谈、查阅文件和记录、现场观察、仪器测量的方式获取信息。
> (3) 进行安全生产检查时，经现场检查和数据分析后，检查人员应对检查情况进行（I），提出检查的结论和意见。
> 2. 安全生产检查阶段的工作程序分为安全检查准备、实施安全检查和综合分析，在经过安全生产检查阶段后还会有提出整改要求阶段、整改落实阶段以及信息反馈与持续改进阶段。在考核时可能会将安全生产检查阶段与其他三个阶段一起考核，比如：
> 某车辆制造企业准备开展一次安全生产检查与隐患排查治理活动。安全管理部门策划了如下的检查工作程序和工作内容：①检查前准备；②实施检查；③提出检查结论；④提出整改要求；⑤组织整改；⑥验证整改结果。其中，属于安全检查阶段的工作程序是（A）。
> A. ①②③
> B. ②④⑥
> C. ①④⑤
> D. ②③④

考点 9　建设项目安全设施"三同时"

（题干）根据《建设项目安全设施"三同时"监督管理暂行办法》，建设项目的安全设施必须与主体工程（ABCD）。
A. 同时设计
B. 同时施工
C. 同时投入生产
D. 同时使用

> **细说考点**
>
> 1. 上述题干中提到的建设项目的安全设施指的是什么呢？这里补充一个相关知识点：建设项目安全设施是生产经营单位在生产经营活动中用于预防生产安全事故的<u>设备、设施、装置、构（建）筑物和其他技术措施</u>的总称。
> 2. 除了要掌握"三同时"的具体内容外，考生还应知道建设项目安全设施"三同时"的监管主体及其相应责任。
> (1) <u>应急管理部</u>对全国建设项目安全设施"三同时"实施综合监督管理。
> (2) <u>县级以上地方各级安全生产监督管理部门</u>对区域内的建设项目安全设施"三同时"实施综合监督管理。
> (3) 跨两个及两个以上行政区域的建设项目安全设施"三同时"，由其共同的<u>上一级人民政府安全生产监督管理部门</u>实施监督管理。

(4) 上一级人民政府安全生产监督管理部门可以委托下一级相应部门实施项目"三同时"监督管理。

考点10　不同阶段建设项目安全设施的资料提交

（题干）建设项目安全设施设计完成后，生产经营单位应向安全生产监督管理部门提出审查申请，同时需要提交的资料包括（ABCDE）。

A. 建设项目审批、核准或者备案的文件
B. 建设项目安全设施设计审查申请
C. 设计单位的设计资质证明文件
D. 建设项目初步设计报告及安全专篇
E. 建设项目安全预评价报告及相关文件资料
F. 安全设施设计审查意见书
G. 施工单位的资质证明文件
H. 建设项目安全验收评价报告及其存在问题的整改确认材料
I. 安全生产管理机构设置或者安全生产管理人员配备情况
J. 从业人员安全培训教育及资格情况

细说考点

1. 本考点还可能作为考题的题目：

（1）建设项目安全设施设计完成后，生产经营单位应按照相关规定向安全生产监督管理部门备案，需要提交的资料包括（ADE）。

（2）建设项目竣工投入生产或者使用前，生产经营单位应当向安全生产监督管理部门申请安全设施竣工验收，并提交的文件资料有（FGHIJ）。

2. 考生在作答时一定要注意审题，看题干中问的是"建设项目安全设施设计完成后"还是"建设项目竣工投入生产或者使用前"，不同阶段提交的资料是不一样的。如果问的是"建设项目安全设施设计完成后"也要注意区分是"审查"还是"备案"，两者提交的资料不完全相同，审查的资料包含备案的资料。

3. 安全生产监督管理部门在收到申请后应该如何做出决定且做出决定的时限分别是什么是考生应掌握的另一个采分点。为方便考生学习，下面以题目的形式体现出来。

安全生产监督管理部门收到安全设施设计审查申请后，对属于本部门职责范围内的，应当及时审查，并在收到申请后（A）个工作日内作出受理或者不予受理的决定，并书面告知申请人。

A. 5　　　　　　　　　　　　　B. 10
C. 20

针对以上备选项，还可能考核的题目有：

(1) 对已经受理的建设项目安全设施竣工验收申请，安全生产监督管理部门应当自受理之日起（C）个工作日内作出是否合格的决定，并书面告知申请人。

(2) 对已经受理的建设项目安全设施竣工验收申请，安全生产监督管理部门不能在规定时限内作出是否受理决定的，经本部门负责人批准，可以延长（B）个工作日，并将延长期限的理由书面告知申请人。

(3) 对已经受理的建设项目安全设施设计审查申请，安全生产监督管理部门应当自受理之日起（C）个工作日内作出是否批准的决定，并书面告知申请人。

考点 11　建设项目安全设施的审查

(题干) 建设项目安全设施设计有（ABCD）情形之一的，不予批准，并不得开工建设。
A. 无建设项目审批、核准或者备案文件的
B. 未委托具有相应资质的设计单位进行设计的
C. 安全预评价报告由未取得相应资质的安全评价机构编制的
D. 未采纳安全预评价报告中的安全对策和建议，且未做充分论证说明的
E. 建设项目的规模、生产工艺、原料、设备发生重大变更的
F. 改变安全设施设计且可能降低安全性能的
G. 在施工期间重新设计的
H. 未选择具有相应资质的施工单位施工的
I. 未按照建设项目安全设施设计文件施工的
J. 施工质量未达到建设项目安全设施设计文件要求的
K. 未选择具有相应资质的安全评价机构进行安全验收评价的
L. 安全验收评价不合格的
M. 发现建设项目试运行期间存在事故隐患未整改的
N. 未依法设置安全生产管理机构或者配备安全生产管理人员的
O. 从业人员未经过安全教育培训的

细说考点

本考点还可能作为考题的题目：

(1) 已经批准的建设项目及其安全设施设计有（EFG）情形之一的，生产经营单位应当报原批准部门审查同意；未经审查同意的，不得开工建设。

(2) 建设项目的安全设施有（HIJKLMNO）情形之一的，竣工验收不合格，并不得投入生产或者使用。

考点 12　劳动防护用品的管理

（题干）劳动防护用品是指为劳动者配备的，使其在劳动过程中免遭或者减轻事故伤害及职业病危害的个体防护装备。下列关于劳动防护用品管理的说法中，正确的有（ABCDEFGHI）。

A. 劳动防护用品应由用人单位提供

B. 不得以劳动防护用品替代工程防护设施和其他技术、管理措施

C. 用人单位应安排专项经费用于配备劳动防护用品，不得以货币或其他物品替代

D. 接触粉尘、有毒、有害物质的劳动者应当配备相应的呼吸器、防护服、防护手套和防护鞋等

E. 当劳动者暴露于LEX，8h≥85dB的工作场所时，用人单位必须为劳动者配备适用的护听器

F. 同一工作地点存在不同种类的危险、有害因素的，应当为劳动者同时提供防御各类危害的劳动防护用品

G. 用人单位应当为巡检等流动性作业的劳动者配备随身携带的个人应急防护用品

H. 公用的劳动防护用品应当由车间或班组统一保管，定期维护

I. 安全帽、呼吸器、绝缘手套等劳动防护用品，应到期强制报废

> **细说考点**
>
> 1. 如果将 A 选项设置为错误选项的话，可能会将"用人单位"改错。
>
> 2. 如果将 B、C 选项设置为错误选项的话，可能会将"不得"改为"可以"。
>
> 3. 如果将 E 选项中的"LEX，8h≥85dB"改为"80dB≤LEX，8h<85dB"的话，用人单位就不是必须为劳动者配备适用的护听器了，而是应当根据劳动者需求为其配备适用的护听器。
>
> 4. 牢记 I 选项中的"安全帽、呼吸器、绝缘手套"等关键字，这里可能会填空考核。

专题三　危险、有害因素的辨识

考点 1　危险、有害因素的分类

（题干）根据《企业职工伤亡事故分类》GB 6441—1986，考虑引起事故的诱导性原因、

致害物、伤害方式，可将危险、有害因素分为（ABCDEFGHIJKLMNOPQRS）。

A. 物体打击　　　　　　　　　　B. 车辆伤害
C. 机械伤害　　　　　　　　　　D. 起重伤害
E. 触电　　　　　　　　　　　　F. 淹溺
G. 灼烫　　　　　　　　　　　　H. 火灾
I. 高处坠落　　　　　　　　　　J. 坍塌
K. 冒顶片帮　　　　　　　　　　L. 透水
M. 放炮　　　　　　　　　　　　N. 火药爆炸
O. 瓦斯爆炸　　　　　　　　　　P. 锅炉爆炸
Q. 容器爆炸　　　　　　　　　　R. 其他爆炸
S. 中毒和窒息

细说考点

1. 本考点还可能作为考题的题目：

（1）某施工作业人员被高空坠落的瓦片砸伤，此危险、有害因素属于（A）。

（2）某车间作业人员被电机甩出的铁片划伤，此危险、有害因素属于（C）。

（3）某建筑工地上，正在工作的塔式起重机发生钢丝绳断裂，吊着的模板从高空落下，砸伤一名地面作业人员。此事故的危险、有害因素属于（D）。

（4）某仓库管理人员在清点物品时被堆置物倒塌砸伤，此事故的危险、有害因素属于（J）。

（5）压力锅发生爆炸，产生的个别飞散物（爆炸碎片）击伤人员，此事故的危险、有害因素属于（Q）。

2. 危险、有害因素的划分依据共三类：（1）按照导致事故的直接原因进行分类；（2）按照事故类别进行分类（前述题目便是依照这一标准进行划分的）；（3）按照职业健康进行分类。危险、有害因素的这三类划分方法均是考生要掌握的内容。

考点2　危险、有害因素辨识方法

（题干）常用的危险、有害因素辨识方法有直观经验分析法和系统安全分析法，下列属于直观经验分析法的是（AB）。

A. 对照、经验法　　　　　　　　B. 类比方法
C. 事件树法　　　　　　　　　　D. 事故树法

细说考点

本考点还可能作为考题的题目：

（1）常用的危险、有害因素辨识方法有直观经验分析法和系统安全分析法，下列属于系统安全分析方法的是（CD）。

15

(2) 对照有关标准、法规、检查表或依靠分析人员的观察分析能力，借助于经验和判断能力对评价对象的危险、有害因素进行分析的方法被称为（A）。

(3) 在危险、有害因素的辨识方法中，（C）是利用相同或相似工程系统或作业条件的经验和劳动安全卫生的统计资料来类推、分析评价对象的危险、有害因素。

(4) 在危险、有害因素的辨识方法中，（CD）常用于复杂、没有事故经验的新开发系统。

考点3 危险、有害因素的识别

（题干）在进行危险、有害因素的识别时，宜从厂址、总平面布置、道路运输、建（构）筑物、生产工艺、物流、主要设备装置、作业环境、安全措施管理等几方面进行。对于厂址应从（B）等方面分析、识别危险有害因素。

A. 功能分区、防火间距和安全间距、风向、建筑物朝向、道路、储运设施
B. 工程地质、地形地貌、水文、气象条件、周围环境及自然灾害、消防支持
C. 生产火灾危险性分类、耐火等级、结构、层数、占地面积、防火间距、安全疏散
D. 储存物品的火灾危险性分类、耐火等级、结构、层数、占地面积、安全疏散、防火间距
E. 高温、低温、高压、腐蚀、振动、关键部位的备用设备、控制、操作、检修和故障、失误时的紧急异常情况
F. 运动零部件和工件、操作条件、检修作业、误运转和误操作
G. 触电、断电、火灾、爆炸、误运转和误操作、静电、雷电
H. 事故应急救援预案、特种作业人员培训、日常安全管理

细说考点

本考点还可能作为考题的题目：

(1) 对总平面布置进行危险、有害因素的识别时应从（A）等方面进行。

(2) 对厂房进行危险、有害因素的识别时应从（C）等方面进行。

(3) 对工艺设备进行危险、有害因素的识别时应从（D）等方面进行。

(4) 对机械设备进行危险、有害因素的识别时应从（F）等方面进行。

(5) 对电气设备进行危险、有害因素的识别时应从（G）等方面进行。

(6) 对安全管理措施进行危险、有害因素的识别时应从（H）等方面进行。

专题四 重大危险源

考点1 危险化学品重大危险源的辨识

(题干)根据《危险化学品重大危险源辨识》GB 18218—2018 的规定,生产单元、储存单元内存在危险化学品的数量等于或超过临界量的,即被定为重大危险源。二氧化氮的临界量为(A)t。

A. 1
C. 20
E. 50
B. 10
D. 5
F. 500

细说考点

1. 本考点还可能会作为考题的题目:

(1) 生产单元、储存单元内存在危险化学品的数量等于或超过临界量的,即被定为重大危险源。氨的临界量为(B)t。

(2) 生产单元、储存单元内存在危险化学品的数量等于或超过临界量的,即被定为重大危险源。二氧化硫的临界量为(C)t。

(3) 生产单元、储存单元内存在危险化学品的数量等于或超过临界量的,即被定为重大危险源。氟的临界量为(C)t。

(4) 生产单元、储存单元内存在危险化学品的数量等于或超过临界量的,即被定为重大危险源。氢气的临界量为(D)t。

(5) 生产单元、储存单元内存在危险化学品的数量等于或超过临界量的,即被定为重大危险源。乙炔的临界量为(A)t。

(6) 生产单元、储存单元内存在危险化学品的数量等于或超过临界量的,即被定为重大危险源。丙酮的临界量为(F)t。

(7) 生产单元、储存单元内存在危险化学品的数量等于或超过临界量的,即被定为重大危险源。白磷的临界量为(E)t。

2. 以上题目只是列举出少部分常用危险化学品的临界量,想要了解和学习更多的危险化学品的临界量,考生可自行学习《危险化学品重大危险源辨识》GB 18218—2018 的相关内容。由于内容较多,建议考生采用表格的形式将相同临界量的危险化学品放在一起,这样可降低记忆难度。

3. 关于危险化学品重大危险源的辨识还需要掌握以下采分点:

17

(1) 若一种危险化学品具有多种危险性，应按其中最低的临界量确定。

(2) 生产单元、储存单元内存在的危险化学品为单一品种时，该危险化学品的数量即为单元内危险化学品的总量，若等于或超过相应的临界量，则定为重大危险源；生产单元、储存单元内存在的危险化学品为多品种时，按式 $S=q_1/Q_1+q_2/Q_2+\cdots+q_n/Q_n \geqslant 1$ 计算，满足条件则定为重大危险源。

(3) 危险化学品重大危险源辨识后的处理流程如图1所示。

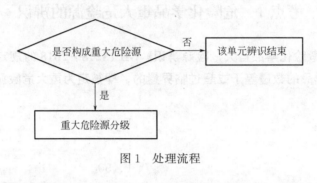

图1　处理流程

考点2　危险化学品重大危险源的重新辨识

(题干) 根据《危险化学品重大危险源监督管理暂行规定》，危险化学品单位应当对已经确定的重大危险源重新进行辨识的情形包括（**ABCDEFGHI**）。

A. 重大危险源安全评估已满3年的

B. 构成重大危险源的装置、设施或者场所进行新建、改建、扩建的

C. 危险化学品的种类、数量、生产、使用工艺发生变化，影响重大危险源级别或者风险程度的

D. 危险化学品的储存方式及重要设备、设施发生变化，影响重大危险源级别或者风险程度的

E. 外界生产安全环境因素发生变化，影响重大危险源级别和风险程度的

F. 发生危险化学品事故造成人员死亡的

G. 发生危险化学品事故造成10人以上受伤

H. 发生危险化学品事故影响公共安全的

I. 有关重大危险源辨识和安全评估的国家标准、行业标准发生变化的

> **细说考点**
>
> 本采分点较为简单，只要记住以上情形即可。着重记忆A、G选项中的关键数字，可能会以单项选择题的形式单独考核，也可能会将这些数字改错，使该选项变为错误项。

考点3　危险化学品单位的登记建档及备案

（题干）危险化学品单位应当对辨识确认的重大危险源及时、逐项进行登记建档。重大危险源档案应包括的文件、资料有（ABCDEFGHIJ）。

A. 辨识、分级记录
B. 重大危险源基本特征表
C. 涉及的所有化学品安全技术说明书
D. 区域位置图、平面布置图、工艺流程图和主要设备一览表
E. 重大危险源安全管理规章制度及安全操作规程
F. 安全监测监控系统、措施说明、检测、检验结果
G. 重大危险源事故应急预案、评审意见、演练计划和评估报告
H. 安全评估报告或安全评价报告
I. 重大危险源关键装置、重点部位的责任人、责任机构名称
J. 重大危险源场所安全警示标志的设置情况

> **细说考点**
>
> 1. 本考点还可能作为考题的题目：
>
> 危险化学品单位在完成重大危险源安全评估后15日内，应填写重大危险源备案申请表，报送所在地县级人民政府安全生产监督管理部门备案。同时需要提供文件材料有（ABCDEFGHIJK）。
>
> 2. 关于危险化学品单位的备案，考生还应掌握以下采分点：
>
> （1）<u>县级</u>人民政府安全生产监督管理部门应当每季度将辖区内的一级、二级重大危险源备案材料报送至<u>设区的市级</u>人民政府安全生产监督管理部门。
>
> （2）<u>设区的</u>市级人民政府安全生产监督管理部门应当每半年将辖区内的一级重大危险源备案材料报送至<u>省级</u>人民政府安全生产监督管理部门。

考点4　重大危险源的安全管理

（题干）危险化学品单位应按照要求建立健全安全监测监控体系，完善控制措施。重大危险源的安全管理措施包括（ABCDEFGHIJKLM）。

A. 一级或者二级重大危险源，应具备紧急停车功能
B. 重大危险源中储存剧毒物质的场所或设施，应设置视频监控系统
C. 危险化学品单位应当明确重大危险源中关键装置、重点部位的责任人或责任机构
D. 危险化学品单位应及时采取措施消除事故隐患，对事故隐患难以立即排除的，应制定治理方案
E. 危险化学品单位应当将重大危险源可能发生的事故后果和应急措施等信息，以适当

方式告知可能受影响的单位、区域及人员

F. 危险化学品单位应当依法制定重大危险源事故应急预案

G. 对存在吸入性有毒、有害气体的重大危险源,危险化学品单位应配备便携式浓度检测设备、空气呼吸器、化学防护服、堵漏器材等应急器材和设备

H. 对涉及剧毒气体的重大危险源,危险化学品单位应配备两套以上气密型化学防护服

I. 对涉及易燃易爆气体的重大危险源,危险化学品单位应配备一定数量的便携式可燃气体检测设备

J. 对重大危险源专项应急预案,应每年至少进行一次应急预案演练

K. 对重大危险源现场处置方案,应每半年至少进行一次应急预案演练

L. 应急预案演练结束后,危险化学品单位应当对应急预案演练效果进行评估

M. 危险化学品单位应当对辨识确认的重大危险源及时、逐项进行登记建档

> **细说考点**
>
> 1. 注意C选项中的"关键装置、重点部位"等关键字,在考核时可能会将这几个字改错。
>
> 2. G~I选项是在不同情形下危险化学品单位应配备的应急器材和设备。考生要注意区分。
>
> 3. J、K选项中的"每年""每半年"是需要重点记忆的内容。

考点5 重大危险源的监督检查

(题干)县级以上地方各级人民政府安全生产监督管理部门应当加强对存在重大危险源的危险化学品单位的监督检查,首次对重大危险源的监督检查应包括的内容有(ABCDEFGHI)。

A. 重大危险源的运行情况、安全管理规章制度及安全操作规程制定和落实情况

B. 重大危险源的辨识、分级、安全评估、登记建档、备案情况

C. 重大危险源的监测监控情况

D. 重大危险源安全设施和安全监测监控系统的检测、检验以及维护保养情况

E. 重大危险源事故应急预案的编制、评审、备案、修订和演练情况

F. 有关从业人员的安全培训教育情况

G. 安全标志设置情况

H. 应急救援器材、设备、物资配备情况

I. 预防和控制事故措施的落实情况

> **细说考点**
>
> 1. 注意:重大危险源监督检查的主体是<u>县级以上地方各级人民政府安全生产监督管理部门</u>。

2.在监督检查中发现重大危险源存在事故隐患的应如何处理,同样需要考生理解和掌握:

(1)发现重大危险源存在事故隐患的应当责令立即排除(如果在排除前或者排除过程中无法保证安全的,应责令作业人员从危险区域内撤出,责令暂时停产停业或者停止使用);

(2)隐患排除后,经安全生产监督管理部门审查同意,方可恢复生产经营和使用。

专题五 危险场所作业

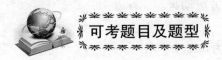

考点1 危险场所作业

(题干)生产经营单位设备检修过程中,可能对操作本人及周边建筑物造成危害的作业有(ABCDEFGH)。

A. 动火作业　　　　　　　　B. 受限空间作业
C. 盲板抽堵作业　　　　　　D. 高处作业
E. 吊装作业　　　　　　　　F. 临时用电作业
G. 动土作业　　　　　　　　H. 断路作业

细说考点

本考点还可能作为考题的题目:
(1)下列作业活动中,属于作业许可管理范围的有(ABCDEFGH)。
(2)需要在禁火区内使用电焊、电钻、砂轮等工具的施工作业属于(A)。
(3)某企业承接地下管道工程,需要作业人员进入管道内进行施工,该企业需要办理(B)许可证。
(4)某建筑施工中,作业人员需要在15m高的地方进行立体交叉作业。该施工单位需要办理(D)许可证。
(5)某企业计划建设厂房,在设计过程中,发现厂址规划图中会覆盖到地下电缆。在取得施工许可证后,还需要办理(G)许可证。

考点2 动火、高处、吊装、受限空间作业许可证的办理、审批和使用

(题干)一级动火作业由(A)编制防火安全技术方案,填写动火申请表。

A. 项目负责人　　　　　　　　　　　B. 项目责任工程师
C. 班组　　　　　　　　　　　　　　D. 安全管理部门
E. 设备管理部门　　　　　　　　　　F. 车间级管理部门
G. 主管厂长　　　　　　　　　　　　H. 总工程师
I. 作业单位

细说考点

1. 本考点还可能作为考题的题目：

(1) 一级动火作业申请表，由企业（D）负责审查，批准后方可动火。

(2) 二级动火作业由（B）组织拟订防火安全技术方案，填写动火申请表。

(3) 二级动火申请表由（AD）审查批准后，方可动火。

(4) 三级动火作业由（C）填写动火申请表。

(5) 三级动火申请表经（BD）审查批准后，方可动火。

(6) 一级高处作业申请表由（E）审查批准后，方可作业。

(7) 二、三级高处作业由（F）审核，报设备管理部门批准后，方可作业。

(8) 特级高处作业由设备管理部门审核，报（G）批准。

(9) 一级吊装作业申请表由（GH）负责审查批准。

(10) 二级、三级吊装作业申请表由（E）负责审查批准。

(11) 受限空间作业由（I）填写申请表，报受限空间所在单位审查批准。

2. 以上题目的题干中提到了"一级动火""二级动火""三级动火""一级高处""二级高处""三级高处"……为了帮助考生更好的理解，下面补充几个与作业分级相关的采分点：

(1) 动火作业分级

动火作业分级	概念
特级动火	指在处于运行状态的易燃易爆生产装置和罐区等重要部位的具有特殊危险的动火作业
一级动火	指在甲、乙类火灾危险区域内动火的作业
二级动火	指特级动火及一级动火以外的动火作业
三级动火	指在生产中动用明火或可能产生火种的作业

(2) 高处作业的分级

分类法	高处作业高度/m			
	$2 \leq h \leq 5$	$5 < h \leq 15$	$15 < h \leq 30$	$h > 30$
A	Ⅰ	Ⅱ	Ⅲ	Ⅳ
B	Ⅱ	Ⅲ	Ⅳ	Ⅳ

注：A 类法分级为不存在任何一种客观危险因素的高处作业；B 类法分级为存在一种及以上客观危险因素的高处作业。

(3) 吊装作业分级

吊装作业按照吊装重物质量 m 不同分为三级：一级吊装作业（$m>100t$）；二级吊装作业（$40t \leqslant m \leqslant 100t$）；三级吊装作业（$m<40t$）。

3. 最后再来学习一下作业许可证的使用和时效。

(1) 一级动火作业许可证有效期不应超过 8h。

(2) 二级动火作业许可证有效期不应超过 72h。

(3)《受限空间作业许可证》的有效期不应超过 24h。

(4) 动火地点发生变化，需重新办理动火审批手续。

(5) 安全作业许可证实行一个作业点、一个作业周期内同一作业内容一张证的管理方式。

(6) 安全作业证一式三联，存档应至少保存一年。

考点3　安全警示标志

（题干）根据《工作场所职业病危害警示标识》GBZ 158—2003，工作场所职业病危害警示标识包括（ABCDEF）。

A. 禁止标识　　　　　　　　　　B. 警告标识
C. 指令标识　　　　　　　　　　D. 提示标识
E. 警示线　　　　　　　　　　　F. 警示语句

细说考点

1. 本考点还可能作为考题的题目：

(1) 下列安全警示标志中，属于图形标识的是（ABCD）。

(2) 某作业场所设置"当心中毒"标识，提醒对周围环境需要注意，以避免可能发生的危险，此标志属于（B）。

(3) 当"戴防毒面具"标识出现时，要求强制采取防范措施，此标志属于（C）。

(4) 某施工现场采用红色、黄色和绿色的（E）分隔作业区域，确定作业区的危险等级。

(5) 警示语句可以单独使用，也可以与（ABCD）组合使用。

2. 安全警示标志应根据作业现场的实际情况，设置在明显的位置上。例如：

(1) 在使用有毒物品作业场所入口或作业场所的显著位置，根据需要，设置"当心中毒"或"当心有毒气体"警示标识，"戴防毒面具""穿防护服""注意通风"等指令标识和"紧急出口""救援电话"等提示标识。

(2) 在可能引起电光性眼炎的作业场所，设置"当心弧光"警告标识和"戴防护镜"指令标识。

(3) 在可能产生职业病危害的设备上或其前方醒目位置设置相应的警示标识。

专题六 应急管理

可考题目及题型

考点1 事故应急预案编制的基本要求

（题干）根据《生产安全事故应急预案管理办法》的规定，下列关于事故应急预案编制基本要求的说法，正确的有（ABCDEFGH）。

A. 符合有关法律、法规、规章和标准的规定

B. 符合本地区、本部门、本单位的安全生产实际情况

C. 符合本地区、本部门、本单位的危险性分析情况

D. 符合应急组织和人员的职责分工和处置措施，并与其应急能力相适应

E. 有明确的应急保障，并有具体的落实措施

F. 有明确、具体的应急程序措施，满足本地区、本部门、本单位的应急工作需要

G. 应急预案基本要素齐全、完整，应急预案附件提供的信息准确

H. 应急预案内容与相关应急预案相互衔接

细说考点

1. 本考点还可能作为考题的题目：
某企业每半年更新一次应急人员联系电话，这体现了事故（G）的基本要求。

2. 在事故应急预案编制的基本要求中，考生要着重记忆 D~H 选项。

考点2 事故应急预案编制的法律责任

（题干）根据《安全生产法》的规定，生产经营单位有（FG）行为的，由县级以上安全生产监督管理部门责令限期改正，可以处5万元以下罚款。

A. 未落实应急预案规定的应急物资及装备的

B. 未按照规定开展应急预案评审或者论证的

C. 未按照规定进行应急预案备案的

D. 未按照规定开展应急预案评估的

E. 未按照规定进行应急预案修订并重新备案的

F. 未按照规定编制应急预案的

G. 未按照规定定期组织应急预案演练的

H. 在应急预案编制前未按照规定开展风险评估和应急资源调查的

I.事故风险可能影响周边单位、人员的，未将事故风险的性质、影响范围和应急防范措施告知周边单位和人员的

> **细说考点**
>
> 1.这个考点是需要记忆的，无论是题干还是选项。本考点还可能作为考题的题目：
> (1) 根据《安全生产法》的规定，生产经营单位有（FG）行为，且逾期未改正的，责令停产停业整顿，并处5万元以上10万元以下罚款。
> (2) 根据《安全生产法》的规定，生产经营单位有（FG）行为，对直接负责的主管人员和其他直接责任人员处1万元以上2万元以下的罚款。
> (3) 根据《安全生产法》的规定，生产经营单位有（ABCDEHI）行为，由县级以上安全生产监督管理部门责令限期改正，可以处1万元以上3万元以下罚款。
> 2.本考点还可能考核罚款数额，题目可能会这样设置：
> 生产经营单位未按照规定编制应急预案的，由县级以上安全生产监督管理部门依照《安全生产法》的规定，责令限期改正，可以处（A）的罚款。
> A.5万元以下　　　　　　　　　　B. 5万元以上10万元以下
> C.1万元以上2万元以下　　　　　D. 1万元以上3万元以下

考点3　事故应急程序

(题干) 应急程序主要指实施核心功能和任务的程序和步骤。其核心功能和任务包括（ABCDEFGHIJKL）。

A.警报和紧急公告　　　　　B.指挥与控制
C.公共关系　　　　　　　　D.接警与通知
E.通信　　　　　　　　　　F.事态监测与评估
G.警戒与治安　　　　　　　H.人群疏散与安置
I.医疗与卫生　　　　　　　J.应急人员安全
K.消防和抢险　　　　　　　L.泄漏物控制

> **细说考点**
>
> 1.本考点还可能作为考题的题目：
> (1) 生产经营单位发生事故后，可能影响该单位周边地区时，应及时启动警报系统，告知公众有关疏散时间、路线、交通工具及目的地等信息。该工作属于应急响应过程中的（A）。
> (2) 在应急救援中起着非常重要的决策支持作用，其结果不仅是控制事故现场、制定消防、抢险措施的重要决策依据，也是划分现场工作区域、保障现场应急人员安全、实施公众保护措施的重要依据的是（F）。

（3）在应急救援过程中实施（G）的目的是防止与救援无关人员进入事故现场，保障救援队伍、物资运输和人群疏散等的交通畅通，并避免发生不必要的伤亡。

（4）在应急救援过程中实施（F）是划分现场工作区域、保障现场应急人员安全、实施公众保护措施的重要依据。

2.本考点在考核时，可能会把事故应急预案准备的程序作为干扰项，准备的程序包括：互助协议；教育、培训与演习；机构与职责；应急资源。

3.在考核警戒与治安的目的时，可能会把抢险与救援的目的作为干扰项。抢险与救援的目的：尽快地控制事故的发展，防止事故的蔓延和进一步扩大，从而最终控制住事故，并积极营救事故现场的受害人员。

考点4　应急演练的原则

（题干）应急演练的原则包括（ABCD）。
A.结合实际、合理定位
B.着眼实战、讲求实效
C.精心组织、确保安全
D.统筹规划、厉行节约

细说考点

本考点还可能作为考题的题目：

（1）紧密结合应急管理工作实际，明确演练目的，根据资源条件确定演练方式和规模，体现了应急演练（A）的原则。

（2）以提高应急指挥人员的指挥协调能力、应急队伍的实战能力为着眼点。重视对演练效果及组织工作的评估、考核，总结推广好经验，及时整改存在的问题。体现了应急演练原则中的（B）。

（3）围绕演练目的，精心策划演练内容，科学设计演练方案，周密组织演练活动，制定并严格遵守有关安全措施，确保演练参与人员及演练装备设施的安全。体现了应急演练原则中的（C）。

（4）统筹规划应急演练活动，适当开展跨地区、跨部门、跨行业的综合性演练，充分利用现有资源，努力提高应急演练效益。体现了应急演练原则中的（D）。

考点5　应急演练的类型

（题干）根据应急演练组织方式及目标重点的不同，应急演练可以分为（AB）。
A.桌面演练　　　　　　　　　　B.实战演练
C.单项演练　　　　　　　　　　D.综合演练

E. 检验性演练　　　　　　　　F. 示范性演练
G. 研究性演练

> **细说考点**
>
> 1. 本考点还可能作为考题的题目：
> (1) 根据应急演练内容的不同，可将其分为（CD）。
> (2) 根据应急演练目的与作用的不同，可将其分为（EFG）。
> (3) 在应急演练的类型中，其目的是使各级应急部门、组织和个人在较轻松的环境下，明确和熟悉应急预案中所规定的职责和程序，提高协调配合及解决问题的能力的是（A）。
> (4) 在应急演练的类型中，情景和问题通常以口头或书面叙述的方式呈现的是（A）。
> (5) 在应急演练的类型中，参演人员根据演练情景的要求，完成应急响应任务，以检验和提高相关应急人员的组织指挥、应急处置以及后勤保障等综合应急能力的是（B）。
> (6) 只涉及应急预案中特定应急响应功能或现场处置方案中一系列应急响应功能的演练活动的是（C）。
> (7) 在应急演练的类型中，注重针对一个或少数几个参与单位（岗位）的特定环节和功能进行检验的是（C）。
> (8) 涉及应急预案中多项或全部应急响应功能的演练活动是（D）。
> (9) 在应急演练的类型中，注重对多个环节和功能进行检验，特别是对不同单位之间应急机制和联合应对能力的检验的是（D）。
> (10) 在应急演练的类型中，主要是为了检验应急预案的可行性及应急准备的充分性而组织演练的是（E）。
> (11) 主要是为了研究突发事件应急处置的有效方法，试验应急技术、设施和设备，探索存在问题的解决方案等而组织演练的是（G）。
> (12) 某石油冶炼企业组织常减压蒸馏装置加热炉突然熄火应急演练，为了让应急演练不干扰生产操作，生产车间应采用"挂牌"方式考核操作员应急操作能力，挂牌有"开""关"两种，操作员需要把印有"开"或"关"字样的标牌挂在生产装置相关工艺管道的阀门上。根据应急演练的内容分类，这种演练的类型为（C）。
>
> 2. 在考试时还可能会对应急演练的目的进行考核，例如：
> 桌面演练是一种圆桌讨论或演习活动，其目的是为了提高协调配合及解决问题的能力，使各级应急部门、组织和个人明确、熟悉应急预案中规定的（B）。
>
> A. 风险预警　　　　　　　　B. 职责和程序
> C. 应急响应　　　　　　　　D. 应急措施
>
> 3. 应急演练主要有三种分类方式，考生要记清划分依据。

考点6 应急演练的执行

(题干)应急演练执行因演练组织形式的不同而有所区别,主要分为(ABCDE)。
A. 实战演练　　　　　　　　　　B. 桌面演练
C. 演练解说　　　　　　　　　　D. 演练记录
E. 演练宣传报道

> **细说考点**
>
> 1. 本考点还可能作为考题的题目:
>
> (1) 在演练执行类别中,宣传组要认真做好信息采集、媒体组织、广播电视节目现场采编和播报等工作,扩大演练的宣传教育效果的是(E)。
>
> (2) 在演练执行类别中,(A)一般始于报警消息,在此过程中,参演应急组织和人员应尽可能按实际紧急事件发生时的响应要求进行演示。
>
> (3) 在演练执行类别中,"自由演示"又被称为(A)。
>
> (4) 在演练执行类别中,(A)由参演应急组织和人员根据自己关于最佳解决办法的理解,对情景事件作出响应行动。
>
> (5) 在演练执行类别中,执行通常有五个环节循环往复的是(B)。
>
> (6) 在演练执行类别中,执行通常有演练信息注入、问题提出、决策分析、决策结果表达和点评的是(B)。
>
> (7) 在演练执行类别中,一般包括演练背景描述、进程讲解、案例介绍、环境渲染的是(C)。
>
> (8) 在演练执行类别中,(D)一般要安排专门人员,采用文字、照片和音像等手段记录演练过程。
>
> 2. 本考点还可能会对演练执行的具体内容进行考核,例如:
> 在安全生产事故的演练记录中,文字记录一般可由(C)完成。
> A. 演练组织部门负责人　　　　　B. 演练总指挥
> C. 演练评估人员　　　　　　　　D. 演练警戒人员

考点7 演练结束与意外终止

(题干)生产安全事故演练完毕,由(C)发出结束信号,总策划宣布演练结束。
A. 演练领导小组组长　　　　　　B. 演练评估人员
C. 总策划　　　　　　　　　　　D. 演练警戒组组长
E. 演练总指挥　　　　　　　　　F. 演练保障人员

细说考点

1. 本考点还可能作为考题的题目：

(1) 演练启动后，突然遇到演练警戒区以外工地发生火灾，需要终止演练。下达演练终止命令的人是（E）。

(2) 生产安全事故演练完毕，由（CE）宣布演练结束。

(3) 生产安全事故演练完毕后，对演练场地进行清理和恢复的人员是（F）。

(4) 在生产安全事故演练过程中，出现特殊或意外情况，短时间内不能妥善处理或解决时，可提前终止演练。这时下达演练终止命令的人是（CE）。

(5) 在生产安全事故演练中，一般由演练组织单位或其上级单位的负责人担任的是（A）。

(6) 应急管理专家以及具有一定演练评估经验和突发事件应急处置经验的专业人员常被称为（B）。

(7) 在生产安全事故演练中，一般由演练组织单位及参与单位后勤、财务、办公等部门人员组成的是（F）。

(8) 生产安全事故演练保障部门的组成人员包括（DF）。

2. 本考点还可能考具体的事件，通过事件让考生判断是否该终止演练。例如：

演练实施过程中出现情况，经演练领导小组决定，由演练总指挥或总策划按照事先规定的程序和指令终止演练。则下列不属于该情况的是（D）。

A. 演练启动后，突然遇到演练警戒区以外工地发生火灾

B. 演练启动后，在警戒线内发现不明燃烧物

C. 演练启动后，现场因人数太多，出现踩踏事故

D. 演练启动后，工作人员发现演练现场人数不多

考点8　应急预案的评估

（题干）在应急演练过程中，观察和记录演练活动，比较演练过程与演练目标要求的符合性，并提出演练发现问题。这项工作一般由（D）完成。

A. 演练领导小组人员　　　　　　B. 策划部人员

C. 保障部人员　　　　　　　　　D. 评估组人员

E. 参演队伍和人员

细说考点

1. 本考点还可能作为考题的题目：

(1) 在应急演练过程中，观察演练的进程，记录演练人员采取的每一项关键行动及其实施时间，访谈演练人员的是（D）。

（2）可仅成立一个评估小组并任命一名负责人是在（D）较少时。

（3）按演练目标、演练地点和演练组织进行适当的分组，除任命一名总负责人外还应分别任命小组负责人，是在（D）较多时。

（4）负责演练方案设计、演练实施的组织协调、演练评估总结等工作的是（B）。

（5）演练组织单位及参与单位后勤、财务、办公等部门的人员，属于（C）。

（6）承担具体演练任务，针对模拟事件场景做出应急响应行动的是（E）。

（7）负责应急演练活动全过程的组织领导，审批决定演练的重大事项的人员是（A）。

2.关于应急预案的评估，除了上述的题目，还可能针对评估方法和评估目标进行考核。比如：应急演练评估方法是指演练评估过程中的程序和策略，主要包括（评估组组成方式、评估目标与评估标准）。

专题七　职业危害识别与控制

考点1　职业性有害因素分类

（题干）生产过程中产生的职业危害因素包括化学因素、物理因素和生物因素。下列各类职业危害因素中，属于物理因素的是（MNOPQRS）。

A. 矽尘　　　　　　　　　　　　B. 煤尘
C. 石棉尘　　　　　　　　　　　D. 电焊烟尘
E. 铅　　　　　　　　　　　　　F. 汞
G. 锰　　　　　　　　　　　　　H. 苯
I. 一氧化碳　　　　　　　　　　J. 硫化氢
K. 甲醛　　　　　　　　　　　　L. 甲醇
M. 高温　　　　　　　　　　　　N. 高湿
O. 低温　　　　　　　　　　　　P. 异常气压
Q. 噪声　　　　　　　　　　　　R. 振动
S. 辐射

细说考点

1.考试时一般将物理因素与化学因素相互作为干扰选项，而生物因素一般不会作为干扰选项出现。考生对生物因素有所了解即可，生物因素包括附着于皮毛上的炭疽杆菌、甘蔗渣上的真菌，医务工作者可能接触到的生物传染性病原物等。本考点还可能作为考题的题目：

生产过程中产生的职业危害因素包括化学因素、物理因素和生物因素。下列各类职业危害因素中，属于化学因素的是（ABCDEFGHIJKL）。

2.职业性有害因素按其来源可分为生产过程中产生的有害因素、劳动过程中的有害因素、生产环境中的有害因素。前两类有害因素考核概率较大。关于本考点一般会考核两种类型的题目：

（1）上述题干中的题目。

（2）给出某个事件，分析事件中的因素属于哪一类职业性危害因素，这类题目可以考核判断正确与错误说法的综合题目，例如：

1）某企业有甲、乙、丙三个车间，甲车间承接工件造型合箱、浇铸、打箱清砂等工序，生产过程中存在矽尘、高温、噪声等职业危害因素；乙车间承担工件切割、焊接、打磨加工处理等工序，生产过程中存在电焊烟尘、噪声等职业危害因素；丙车间承担工件探伤、涂装等工艺处理工序，生产过程中存在射线、苯系物等职业危害因素。按照职业危害因素分类，下列说法中，正确的是（B）。

A.甲车间噪声是物理因素，乙车间电焊烟尘是物理因素

B.丙车间射线是物理因素，丙车间苯系物是化学因素

C.乙车间噪声是物理因素，丙车间苯系物是生物因素

D.甲车间高温浇铸件是物理因素，丙车间苯系物是化学因素

2）某燃气企业在进行职业病危害专项检查时，对检查出的职业病危害因素进行了分类，下列按照职业病危害因素来源进行分类的说法中，正确的是（A）。

A.客服大厅的工作台与座椅高度不匹配，属于劳动过程中产生的有害因素

B.燃气管线的巡线人员网格点分配过多，属于生产过程中产生的有害因素

C.燃气管线的巡线人员夏天容易中暑，属于劳动过程中产生的有害因素

D.加气站的维修工长期工作在噪声条件下，属于生产环境中的有害因素

3）某机械制造厂铸造车间，在型砂、铸型、打箱、清砂及铸件清理等生产过程中产生大量含游离二氧化硅的粉尘，按照职业病危害因素分类，含游离二氧化硅的粉尘属于（A）。

A.化学因素 B.物理因素
C.生物因素 D.环境因素

3.下面了解一下劳动过程中产生的有害因素与生产环境中的有害因素都有哪些。

劳动过程中产生的有害因素	生产环境中的有害因素
（1）劳动组织和制度不合理，劳动作息制度不合理等。 （2）精神性职业紧张。 （3）劳动强度过大或生产定额不当。 （4）个别器官或系统过度紧张，例如视力紧张等。 （5）长时间不良体位或使用不合理的工具等	（1）自然环境中的因素，例如炎热季节的太阳辐射。 （2）作业场所建筑卫生学设计缺陷因素，例如照明不良、换气不足等

考点 2　职业危害评价方法

（题干）下列属于职业危害评价方法的有（ABCDEF）。

A. 职业病危害作业分级法　　　B. 类比法
C. 检查表分析法　　　　　　　D. 职业卫生调查法
E. 职业卫生检测法　　　　　　F. 职业健康检查法
G. 对照、经验法　　　　　　　H. 事件树法
I. 事故树法　　　　　　　　　J. 专家现场询问观察法
K. 因素图分析法　　　　　　　L. LEC 法
M. 金尼法

> **细说考点**
>
> 1. 本考点还可能作为考题的题目：
> （1）在职业危害评价方法中，运用现场观察、文件资料收集与分析、人员沟通等方式，了解调查对象相关卫生信息的过程是（D）。
> （2）危险、有害因素辨识方法中的直观经验分析法包括（BG）。
> （3）在危险、有害因素辨识方法中，常用的系统安全分析法包括（HI）。
> （4）定性安全评价法包括（JKLM）。
> 2. 上述题目中的备选项中除了职业危害评价方法外还包括了危险、有害因素的辨识方法以及定性安全评价的方法。在考核职业危害评价方法时，可能会采用以上的出题方式把危险、有害因素的辨识方法以及定性安全评价的方法作为干扰项，混淆考生。

考点 3　影响毒物毒性作用的因素

（题干）影响毒物毒性作用的因素有（ABCDEFG）。

A. 化学结构　　　　　　　　　B. 物理特性
C. 毒物剂量　　　　　　　　　D. 毒物联合作用
E. 生产环境　　　　　　　　　F. 劳动条件
G. 个体状态

> **细说考点**
>
> 1. 本考点还可能作为考题的题目：
> （1）毒物的溶解度、分解度、挥发性等与毒物的毒性作用有密切关系，这体现了毒物的（B）对毒性具有影响作用。
> （2）毒物分解度大，不仅化学活性增加，而且易进到呼吸道的深层部位从而增加毒性作用，这体现出了（B）对毒性具有影响作用。

(3) 湿度可促使氯化氢、氟化氢的毒性增加,这体现了毒物的(E)对毒性具有影响作用。

2. 关于毒物的化学结构对其毒性的影响,还应掌握以下内容:

(1) 在各类有机非电解质之间,毒性大小依次为芳烃＞醇＞酮＞环烃＞脂肪烃。

(2) 同类有机化合物中卤族元素取代氢时,毒性增加。

考点4　生产性粉尘

(题干)生产性粉尘的种类繁多,理化性状不同,对人体所造成的危害也是多种多样的。就其病理性质可引起全身中毒的有(ABC)。

A. 铅化物粉尘　　　　　　　　B. 锰化物粉尘
C. 砷化物粉尘　　　　　　　　D. 生石灰粉尘
E. 漂白粉粉尘　　　　　　　　F. 水泥粉尘
G. 烟草粉尘　　　　　　　　　H. 大麻粉尘
I. 黄麻粉尘　　　　　　　　　J. 面粉粉尘
K. 羽毛粉尘　　　　　　　　　L. 锌烟粉尘
M. 沥青粉尘　　　　　　　　　N. 破烂布屑粉尘
O. 兽毛粉尘　　　　　　　　　P. 谷粒粉尘
Q. 放射性物质粉尘　　　　　　R. 铬粉尘
S. 石棉粉尘　　　　　　　　　T. 镍粉尘
U. 矽酸盐尘　　　　　　　　　V. 煤尘

细说考点

本考点还可能作为考题的题目:

(1) 生产性粉尘的种类繁多,理化性状不同,对人体所造成的危害也是多种多样的。可引起局部刺激性的粉尘有(DEFG)。

(2) 生产性粉尘的种类繁多,理化性状不同,对人体所造成的危害也是多种多样的。可引起变态反应的粉尘有(HIJKL)。

(3) 生产性粉尘的种类繁多,理化性状不同,对人体所造成的危害也是多种多样的。可引起光感应性的粉尘有(M)。

(4) 生产性粉尘的种类繁多,理化性状不同,对人体所造成的危害也是多种多样的。可引起感染性的粉尘有(NOP)。

(5) 生产性粉尘的种类繁多,理化性状不同,对人体所造成的危害也是多种多样的。可引起致癌性的粉尘有(QRST)。

(6) 生产性粉尘的种类繁多,理化性状不同,对人体所造成的危害也是多种多样的。可引起尘肺的粉尘有(UV)。

考点 5　尘肺

（题干）某工人在一家煤炭公司做岩巷掘进工作，忽然有一天感觉身体不适，到医院检查确诊为尘肺，则该名工人所患尘肺类型可能是（A）。

A. 矽肺
B. 煤工尘肺
C. 石墨尘肺
D. 炭黑尘肺
E. 石棉肺
F. 滑石尘肺
G. 水泥尘肺
H. 云母尘肺
I. 陶工尘肺
J. 铝尘肺
K. 电焊工尘肺
L. 铸工尘肺

> **细说考点**
>
> 本考点还可能作为考题的题目：
> （1）在化学肥料制造业工作，容易患的职业病是（A）。
> （2）从事工艺美术品制造业的石质工艺品雕刻工作，容易患的职业病是（A）。
> （3）从事玻璃及玻璃制品业的玻璃配料与喷砂工作，容易患的职业病是（A）。
> （4）某工人在冶金工厂从事陶瓷粉碎工作，从事该工作容易患尘肺中的（A）。
> （5）从事耐火材料制品业的材料破碎工作，容易患的职业病是（A）。
> （6）从事交通水利基本建设业的隧道掘进工作，容易患的职业病是（A）。
> （7）某工人在石墨开采现场工作，则该工人可能患的职业病是（C）。
> （8）某煤炭采矿工从事采矿工作15年，在今年体检时发现患上了尘肺，则该工人最有可能患上的是（B）。
> （9）从事碳素制品业的碳素粉碎工作，最容易患上的疾病是（D）。
> （10）从事稀有金属冶炼业的碳化钨制备工作，最容易患上的疾病是（D）。
> （11）从事石棉开采、石棉梳棉、汽车刹车片的制造等工作，最容易患上的疾病是（E）。
> （12）根据《职业病分类和目录》的相关规定，法定尘肺病包括（ABCDEFGHIJKL）。
> （13）某工人在煤矿工作，由于从事本行业很多年患上了尘肺，则他可能患上的尘肺类型是（AB）。
> （14）在13种法定尘肺病中，发病人数占前三位的是（ABL）。

考点 6　电磁辐射

（题干）在作业场所中可能接触到的电磁辐射有两种，分别为非电离辐射与电离辐射。下列选项属于非电离辐射的是（ABCDE）。

A. 高频作业辐射 B. 微波作业辐射
C. 红外线 D. 紫外线
E. 激光 F. X线机射线
G. 天然放射性核素 H. 人工放射性核素

细说考点

1. 本考点还可能作为考题的题目：
(1) 金属的热处理、表面淬火、金属熔炼、热轧等产生的辐射属于电磁辐射类型中的（A）。
(2) 在生产环境中加热金属、熔融玻璃、强发光体等可成为（C）的辐射源。
(3) 炼钢工、铸造工、玻璃熔吹工、烧瓷工、焊接工等可接触到（C）辐射。
(4) 白内障是长期接触（C）辐射而引起的常见职业病。
(5) 在非电离辐射中，（C）可致晶状体损伤。
(6) 生产环境中，物体温度达到1200℃以上的辐射电磁波谱中即可出现（D）。
(7) 电磁辐射中被广泛应用于工业、农业、国防、医疗和科研等领域的是（E）。
(8) 在电磁辐射的类型中，能进行焊接、打孔、切割、热处理等作业的是（E）。
(9) 可引起机体内某些酶、氨基酸、蛋白质、核酸等的活性降低甚至失活的是（E）。
(10) 凡能引起物质电离的各种辐射称为电离辐射，电离辐射主要包括（FGH）。
(11) 具有加热快、效率高、节省能源的特点的辐射是（B）。

2. 除了考核电磁辐射的产生环境外，还可能考核电磁辐射会导致的职业病，比如：
电离辐射引起的职业病包括（ABCD）。
A. 慢性放射病 B. 慢性放射性皮炎
C. 放射性白内障 D. 放射所致白血病
这里可能会用非电离辐射可能患的疾病来混淆考生，所以一定要分清两种辐射分别可能患的疾病。另外还要看清题目问的是非电离辐射还是电离辐射所患疾病。

考点7 异常气象条件下的作业

（题干） 在高空、高山、高原的环境中进行运输、勘探、筑路、采矿等生产劳动，属于（F）。

A. 高温强热辐射作业 B. 高温高湿作业
C. 夏季露天作业 D. 低温作业
E. 高气压作业 F. 低气压作业

细说考点

1. 本考点还可能作为考题的题目：

(1) 在冶金工业的炼钢、炼铁、轧钢车间进行生产劳动，属于（A）。
(2) 在机械制造工业的铸造、锻造、热处理车间进行生产劳动，属于（A）。
(3) 在建材工业的陶瓷、玻璃、搪瓷、砖瓦等窑炉车间进行生产劳动，属于（A）。
(4) 工人在地下水位以下的深处或沉降于水下的潜涵内进行生产劳动，属于（E）。
(5) 异常气象条件下的作业类型包括（ABCDEF）。

2. 在掌握了异常气象条件下的作业类型后，考生还应知道异常气象条件可能引起的职业病包括：中暑、减压病以及高原病。

3. 异常气象条件以及上一考点"电磁辐射"均属于物理性职业危害因素，物理性职业危害因素除电磁辐射和异常气象条件作业外还包括噪声和振动。噪声和振动的相关内容考生自己了解即可，这里就不再讲述了。考生需要注意的是在考核时可能会将这四个危害因素放在一起考核，比如：

劳动者在职业活动中，因接触有毒、有害因素而引起的疾病称为"职业病"。下列有关职业病的说法中，正确的是（C）。

A. 地下桥墩潜水作业引起的职业病是高压病
B. 高山勘探低气压作业引起的职业病是减压病
C. 冶炼车间热辐射产生的红外线引起的职业病是职业性白内障
D. 冷库的低温作业引起的职业病是关节炎

考点8　职业危害控制

（题干）职业危害控制的技术措施包括工程控制技术措施、个体防护措施和组织管理措施。其中工程控制技术措施包括（ABCDEGH）。

A. 湿式作业　　　　　　　　　B. 密闭抽风除尘
C. 全面通风　　　　　　　　　D. 局部送风
E. 排出气体净化　　　　　　　F. 佩戴防毒面具
G. 隔离降噪　　　　　　　　　H. 吸声
I. 缩短工作时间　　　　　　　J. 合理组织劳动过程

细说考点

1. 本考点还可能作为考题的题目：
(1) 控制作业场所中存在的粉尘，常采取（AB）的工程控制技术措施。
(2) 防止粉尘飞扬，降低作业场所粉尘浓度的工程控制技术措施有（AB）。
(3) 对于化学毒物，可以采取的工程控制措施有（CDE）。
(4) 职业危害控制措施中的个体防护措施包括（F）。
(5) 对于噪声危害，可以采取的控制措施有（GH）。
(6) 某水泥厂存在严重的粉尘危害。为减少和消除粉尘危害，该厂采取了四六工作制，减少接触粉尘的时间，为职工提供防尘口罩等措施。上述措施中属于组织管理措施的是（IJ）。

2. 在考核工程控制技术措施时，还可能让考生根据具体的实例来判断应该采用哪种具体的技术措施。例如：

(1) 某厂采用湿法炼锌工艺，电解槽在进行锌电解过程中可溢出大量酸性气体，严重危害电解工职业健康。为降低劳动者接触酸雾水平，该厂向员工征求酸雾治理方案。下述员工提出的方案中，可以被采纳的有（ABC）。

A. 在电解车间设置局部排风设施降低作业场所酸物浓度
B. 为电解工配备防护酸性气体的呼吸防护用品
C. 调整生产制度减少电解工接触酸雾时间
D. 在电解槽旁设置有毒气体检测报警仪
E. 在电解车间设置值班室减少劳动者接触酸雾的频次

(2) 某机械厂锻造车间噪声很大，作业人员由于长时间接触高分贝噪声，导致听阈升高。为降低对作业人员的职业病危害，该厂应采取的工程措施有（ABC）。

A. 升级改造设备，将普通齿轮改为有弹性轴套的齿轮，减弱噪声源
B. 采用减震、隔振、隔声等措施，以及安装消音器等，控制声源辐射
C. 优化工艺流程，将锻打改为摩擦压力加工，降低噪声发射功率
D. 配发并督促作业人员规范佩戴护耳器
E. 每两年对作业人员进行一次听力检测，把听力显著降低的人调离噪声环境

(3) 煤矿井下掘进巷道中存在多种职业病危害因素，如掘进爆破时产生的煤岩粉尘，局部运行产生的噪声，巷道淋水造成的井下空气潮湿及深井工作面的高温等。为了保护作业人员的身体健康，下列职业病危害控制措施中，正确的有（BCDE）。

A. 加大炸药量，降低一氧化碳产生量
B. 局部采取吸声设计，降低噪声危害
C. 适当增加工作面通风量，降低工作面温度
D. 掘进工作面转载机附近进行喷雾降尘
E. 巷道采取疏水措施，减小巷道淋水

专题八 安全生产标准化

可考题目及题型

考点1 安全标准化建设的核心要求

（题干）根据《企业安全生产标准化基本规范》GB/T 33000—2016，安全标准化建设的

核心要求表现在（ABCDEFGH）等方面。

A. 目标职责 B. 制度化管理
C. 教育培训 D. 现场管理
E. 安全风险管控及隐患排查治理 F. 应急管理
G. 事故管理 H. 持续改进

细说考点

1. 本考点还可能作为考题的题目：

（1）开展安全生产标准化工作，以（E）为基础，减少事故发生，保证人身安全及生产经营活动顺利进行。

（2）生产经营单位应每年至少一次对本单位安全生产标准的实施情况进行评定，根据评定结果对安全生产目标、规章制度、操作规程等进行完善，使（H）不断提高管理水平。

2. 安全生产标准化评审分为一级、二级、三级，其中一级为最高。

考点2 目标职责

（题干）某生产经营单位开展安全标准化建设，下列属于目标职责内容的是（ABCDEFG）。

A. 根据自身安全生产实际，制定总体和年度安全生产与职业卫生目标
B. 企业主要负责人全面负责安全生产和职业卫生工作，并履行相应责任和义务
C. 分管负责人对各自职责范围内的安全生产和职业卫生工作负责
D. 各级管理人员按照安全生产责任制的要求，履行相应责任和义务
E. 根据有关规定提取和使用安全生产费用，并建立使用台账
F. 企业应按照有关规定为从业人员缴纳相关保险费用
G. 根据自身实际情况，建立安全生产电子台账管理、预测预警等信息系统

细说考点

1. 本考点还可能作为考题的题目：

（1）某企业开展安全生产标准化建设，结合企业自身特点设置了组织机构，确定了岗位职责。下列关于主要负责人及管理层职责的说法，正确的是（BCD）。

（2）关于安全生产投入的规定，说法正确的是（EF）。

（3）下列属于安全生产信息化建设要求的是（G）。

2. 安全标准化建设的目标职责体现在：明确目标、机构和职责、安全生产投入、全员参与、安全文化建设、安全生产信息化建设等方面。上述题目及备选项便是对这些目标职责的考核，但并不限于以上内容，考生可自行参照《企业安全生产标准化基本规范》GB/T 33000—2016 的规定进行更详细的学习。

考点3 制度化管理

(题干)企业安全生产和职业卫生规章制度的内容包括（ABCDEFGHIJKLMNOPQRSTUVWXYZA′）。

A. 目标管理
B. 安全生产和职业卫生责任制
C. 安全生产承诺
D. 安全生产投入
E. 安全生产信息化
F. 新技术、新材料、新工艺、新设备设管理
G. 文件、记录和档案管理
H. 安全风险管理、隐患排查治理
I. 职业病危害防治
J. 教育培训
K. 班组安全活动
L. 特种作业人员管理
M. 建设项目安全设施"三同时"管理
N. 设备设施管理
O. 施工和检维修安全管理
P. 危险物品管理
Q. 危险作业安全管理
R. 安全警示标志管理
S. 安全预测预警
T. 安全生产奖惩管理
U. 相关方安全管理
V. 变更管理
W. 个体防护用品管理
X. 应急管理
Y. 事故管理
Z. 安全生产报告
A′. 绩效评定管理

> **细说考点**
>
> 1. 本考点还可能作为考题的题目：
> （1）某企业为明确安全生产规章制度、操作规程的编制、评审、发布和使用等职责，需建立（G）制度。
> （2）生产经营单位应对安全设施制定检维修计划，加强日常检维修和定期检维修管理，落实"五定"原则，以上行为属于制度化管理中的（N）。
> 2. 本考点的内容也属于编制安全生产规章制度时，包括但不限于的内容。

考点4 现场管理

(题干)根据《企业安全生产标准化基本规范》GB/T 33000—2016，关于作业安全管理要求的说法中，正确的有（ABCDEFGHI）。

A. 事先分析和控制生产过程及工艺、物料、设备设施、器材、通道、作业环境等存在的安全风险

B. 现场应配备相应的安全、职业病防护用品（具）及消防设施与器材

C. 对临近高压输电线路作业、危险场所作业实施作业许可管理，严格履行作业许可审批手续

D. 对作业人员的上岗资格、条件进行作业前的安全检查，做到特种作业人员持证上岗

E. 作业前，采取可靠的安全技术措施，对设备能量和危险有害物质进行屏蔽或隔离

F. 两个以上作业队伍在同一区域内进行作业活动时，相互之间应签订管理协议，明确安全生产管理职责和防护措施

G. 杜绝违章指挥、违规作业和违反劳动纪律的"三违"行为

H. 建立班组安全活动管理制度，开展岗位达标活动，明确岗位达标的内容和要求

I. 将承包商、供应商的安全生产和职业卫生纳入企业内部管理，对其作业人员培训、作业过程检查监督等进行管理

> **细说考点**
>
> 本考点还可能作为考题的题目：
> (1) 根据《企业安全生产标准化基本规范》GB/T 33000—2016，作业环境和作业条件的现场管理要求包括（ABCDEF）。
> (2) 根据《企业安全生产标准化基本规范》GB/T 33000—2016，企业要加强对从业人员作业行为的安全管理，下列属于作业行为要求的是（G）。
> (3) 根据《企业安全生产标准化基本规范》GB/T 33000—2016，关于企业对相关方的安全管理规定，说法正确是（I）。

考点5 安全生产投入的责任主体

(题干) 安全生产投入资金应根据企业性质而定，股份制企业的安全生产投入资金由（A）予以保证。

A. 董事会   B. 厂长或经理

C. 投资人

> **细说考点**
>
> 1. 本考点还可能作为考题的题目：
> (1) 安全生产投入资金应根据企业性质而定，合资企业的安全生产投入资金由（A）予以保证。
> (2) 安全生产投入资金应根据企业性质而定，一般国有企业的安全生产投入资金由（B）予以保证。
> (3) 安全生产投入资金应根据企业性质而定，个体工商户等个体经济组织的安全生产投入资金由（C）予以保证。
> 2. 在考试时可能会将本采分点代入某一具体情形，考核考生的实际运用能力，例如：
> 甲香港投资公司、乙科研单位、丙营销公司共同出资成立了丁新材料公司，丁公司董事长由常驻香港的甲公司赵某担任，总经理由乙科研单位钱某担任，全面负责生

产经营活动；财务总监由丙营销公司孙某担任，负责公司财务工作；总经理助理兼安全总监由乙科研单位李某担任，负责丁公司安全管理工作。依据《安全生产法》，负责保证丁公司安全生产投入的责任主体是（B）。

A. 赵某和钱某   B. 丁公司董事会
C. 孙某和李某   D. 丁公司安委会

考点6 安全生产费用的使用

（题干）生产经营单位安全生产费用的使用范围，包括（ABCDE）。
A. 完善、改造和维护安全防护设备、设施的支出
B. 配备必要的应急救援器材、设备和现场作业人员安全防护物品支出
C. 安全生产检查与评价支出
D. 重大危险源、重大事故隐患的评估、整改、监控支出
E. 安全技能培训及进行应急救援演练支出

细说考点

1. 本考点还可能作为考题的题目：
（1）某公司针对作业场所存在的危险，为办公室更新除尘系统，为进入车间的地面安装防滑垫，还购买了一批消防器材。这些费用应纳入到（A）。
（2）某企业缺少对员工的安全教育和培训，为避免产生危险、有害因素，特聘请专家对员工进行安全教育和培训，该费用应纳入到（E）。
2. 安全生产费用的使用应编制（年度或半年）安全技术措施计划，费用支出按计划执行。

专题九 生产安全事故调查与分析

可考题目及题型

考点1 事故等级

（题干）根据《生产安全事故报告和调查处理条例》规定，造成30人以上死亡或100人以上重伤的事故等级是（D）。

A. 一般事故   B. 较大事故
C. 重大事故   D. 特别重大事故

细说考点

1. 本考点还可能作为考题的题目：

(1) 根据《生产安全事故报告和调查处理条例》，造成30人以上死亡或100人以上重伤的事故等级是（D）。

(2) 某工程发生塌方事故，造成1亿元以上直接经济损失。该事故的事故等级是（D）。

(3) 某事故造成3人以上10人以下死亡，或者10人以上50人以下重伤，事故等级为（B）。

(4) 某事故造成1000万元以下直接经济损失的事故，事故等级为（A）。

(5) 某事故造成10人以上30人以下死亡，或者50人以上100人以下重伤。该事故的事故等级是（C）。

(6) 某事故造成10人以上50人以下重伤，2000万元直接经济损失。该事故的事故等级是（B）。

(7) 某事故造成50人以上100人以下重伤，8000万元直接经济损失。该事故的事故等级是（C）。

(8) 某超市位于居民区内，该居民区人口密集。某晚19时22分，该超市发生火灾，经过3个小时的扑救，将火扑灭。这起火灾事故造成2人死亡，9人重伤，直接经济损失260万元。根据《生产安全事故报告和调查处理条例》（国务院令第493号），这起事故等级属于（A）。

(9) 某工程总承包单位的两名施工人员用卸料平台转运钢管时，由于卸料平台倾斜，造成2名作业人员和钢管一起坠落，坠落的钢管砸伤路过的分包单位3名工人，这起事故造成2人死亡，3人受伤。根据《生产安全事故报告和调查处理条例》，该起事故等级是（A）。

2. 下面再来看两道题，看看应该选择哪个答案：

(1) 根据《生产安全事故报告和调查处理条例》，发生工程事故造成50人重伤属于（C）。

(2) 根据《生产安全事故报告和调查处理条例》，发生工程事故造成100人重伤属于（D）。

有考生会问为什么第（1）题不选择B，第（2）题不选择C？如果你提出这样的问题，那就是对该条例中的等级标准的说明忽略了，该说明就是"该等级标准中所称的'以上'包括本数，所称的'以下'不包括本数"。这条说明可以解决以上的疑问了。一定要记住！

3. 在考试中，也可能会这样考核：题干告诉某事故的等级，让考生来选择备选项中哪一情形符合题干要求。例如：

根据《生产安全事故报告和调查处理条例》，可以判定属于重大事故的是（B）。

A. 造成3人以上10人以下死亡

B. 造成50人以上100人以下重伤

C. 造成 100 人以上重伤

D. 造成 1000 万元以上 5000 万元以下直接经济损失

4.我们来继续看一个题目：某工程发生了火灾事故，据统计，本次事故造成 2 人死亡、22 人重伤，造成直接经济损失 6525 万元，根据《生产安全事故报告和调查处理条例》，该事故属于（重大事故）。对于该类型的题目，我们先分别判断每个条件所对应的事故等级，最后选择等级最高的作为本题的正确答案。

5.接下来我给大家通过表格的方式总结一下具体的划分标准：

事故等级	造成死亡人数	造成重伤人数	造成直接经济损失
特别重大事故	30 人以上死亡	100 人以上重伤（包括急性工业中毒，下同）	1 亿元以上直接经济损失
重大事故	10 人以上 30 人以下死亡	50 人以上 100 人以下重伤	5000 万元以上 1 亿元以下直接经济损失
较大事故	3 人以上 10 人以下死亡	10 人以上 50 人以下重伤	1000 万元以上 5000 万元以下直接经济损失
一般事故	3 人以下死亡	10 人以下重伤	1000 万元以下直接经济损失

6.最后再强调一下，每一事故等级所对应的 3 个条件是独立成立的，只要符合其中一条就可以判定。

考点 2　伤害事故的分类

（题干） 根据《企业职工伤亡事故分类标准》GB 6441—1986 规定，事故的类别包括（ABCDEFGHIJKLMNOPQR）。

A. 物体打击　　　　　　　　B. 车辆伤害

C. 机械伤害　　　　　　　　D. 起重伤害

E. 触电　　　　　　　　　　F. 淹溺

G. 灼烫　　　　　　　　　　H. 火灾

I. 高处坠落　　　　　　　　J. 坍塌

K. 冒顶片帮　　　　　　　　L. 透水

M. 放炮　　　　　　　　　　N. 火药爆炸

O. 瓦斯爆炸　　　　　　　　P. 锅炉爆炸

Q. 容器爆炸　　　　　　　　R. 中毒和窒息

细说考点

1.本考点还可能作为考题的题目：

(1) 小李、小赵和小孙一起实施矿井爆破作业，在瓦斯检查员不在现场的情况下，小李实施了爆破作业，爆破引发了瓦斯爆炸，小赵和小孙当场被炸成重伤。依据《企业职工伤亡事故分类标准》GB 6441—1986，该起重伤事故属于（O）。

(2) 某建筑工地管理混乱，员工安全意识淡薄，在施工过程中 1 名员工被倒塌的超高砖垛砸伤，一周后又有 1 名员工被塔式起重机吊运的水泥块砸伤。根据《企业职工伤亡事故分类》GB 6441—1986，对发生的两起事故分类认定，分别属于（CD）。

2. 伤害事故除可以按照事故发生的原因进行分类外，还可以这样分类：

按照事故造成的伤害可分为轻伤事故、重伤事故和死亡事故。

(1) 轻伤事故：损失工作日低于 105 日的失能伤害。

(2) 重伤事故：损失工作日低于 105 日的失能伤害，无死亡。

(3) 死亡事故：重大伤亡事故（一次事故死亡 1～2 人）；特大伤亡事故［一次事故死亡 3 人（包括 3 人）］。

考点 3　伤害分析

（题干）根据《企业职工伤亡事故分类标准》GB 6441—1986 规定，伤害分析的内容包括（ABCDEFG）。

A. 受伤部位　　　　　　　　　B. 受伤性质

C. 起因物　　　　　　　　　　D. 致害物

E. 伤害方式　　　　　　　　　F. 不安全状态

G. 不安全行为

细说考点

本考点还可能作为考题的题目：

(1) 导致事故发生的物体、物质称为（C）。

(2) 直接引起伤害及中毒的物质或物体称为（D）。

(3) 能导致事故发生的物质条件是（F）。

(4) 骨折、化学性灼伤、倒塌压埋伤属于事故伤害分析内容中的（B）。

(5) 中暑、烧伤、生物致伤属于事故伤害分析内容中的（B）。

(6) 挫伤、压伤、轧伤属于事故伤害分析内容中的（B）。

(7) 沥青、空气、工作面属于事故伤害分析内容中的（D）。

(8) 照明设施、大气压力、电阻箱属于事故伤害分析内容中的（D）。

(9) 飞轮、金属化合物属于事故伤害分析内容中的（D）。

(10) 飞来物、烧伤、掩埋属于事故伤害分析内容中的（E）。

(11) 防护不当、防爆装置不当属于事故伤害分析内容中的（F）。

考点4　生产安全事故上报

（题干）安全生产监督管理部门和负有安全生产监督管理职责的有关部门接到特别重大事故的报告后，应依照规定逐级上报至（AD）并通知公安机关、劳动保障行政部门、工会和人民检察院。

A. 国务院安全生产监督管理部门
B. 省、自治区、直辖市人民政府安全生产监督管理部门
C. 设区的市级人民政府安全生产监督管理部门
D. 负有安全生产监督管理职责的有关部门

细说考点

1. 本考点还可能作为考题的题目：

（1）安全生产监督管理部门和负有安全生产监督管理职责的有关部门接到重大事故的报告后，应依照规定逐级上报至（AD）并通知公安机关、劳动保障行政部门、工会和人民检察院。

（2）安全生产监督管理部门和负有安全生产监督管理职责的有关部门接到较大事故的报告后，应依照规定逐级上报至（BD）并通知公安机关、劳动保障行政部门、工会和人民检察院。

（3）安全生产监督管理部门和负有安全生产监督管理职责的有关部门接到一般事故的报告后，应依照规定逐级上报至（CD）并通知公安机关、劳动保障行政部门、工会和人民检察院。

2. 对于本考点，考生首先要知道生产安全事故发生后的上报程序：

事故发生→现场有关人员立即向本单位负责人报告→单位负责人向事故发生地县级以上人民政府安全生产监督管理部门和负有安全生产监督管理职责的有关部门报告→安全生产监督管理部门和负有安全生产监督管理职责的有关部门依规上报有关部门并通知公安机关、劳动保障行政部门、工会和人民检察院。

3. 在掌握了上报部门的有关知识后，考生还应掌握上报时限的相关规定，一定要知道1h、2h、30日分别对应的是什么情形。

4. 在考试时为了增加考核难度，还有可能将上报时限和部门通过具体的实例一起考，例如：

（1）A市所辖B区一酒店发生火灾事故，导致2人死亡、5人重伤。依照《生产安全事故报告和调查处理条例》，下列关于此事故报告的说法中，正确的是（B）。

A. 事故发生后，酒店负责人应当在2h内向B区安全生产监督管理部门报告
B. B区安全生产监督管理部门接到报告后，应于2h内向A市安全生产监督管理部门报告

C. A市安全生产监督管理部门接到报告后，应当在1h内向省人民政府安全生产监督管理部门报告

　　D. 自事故发生之日起30d内伤亡人数发生变化时，酒店应当及时补报

　　（2）2018年5月6日，某省甲市乙县H工业园区R国有控股集团Z冶金企业发生一起生产安全事故，造成9人重伤，事故现场有关人员立即于当日5时32分向本单位负责人报告，根据《生产安全事故报告和调查处理条例》，下列关于Z企业负责人事故报告的说法，正确的是（C）。

　　A. 接报半小时内，应向R集团安全生产监督管理部门报告

　　B. 接报半小时内，应向H工业园区安全生产监督管理部门报告

　　C. 接报1h内，应向乙县安全生产监督管理部门报告

　　D. 接报1h内，应向甲市安全生产监督管理部门报告

考点5　事故调查报告的内容

（题干） 事故调查报告应当包括的内容有（ABCDEF）。

A. 事故发生单位概况

B. 事故发生的时间、地点以及事故现场情况

C. 事故的简要经过

D. 事故已经造成或者可能造成的伤亡人数

E. 初步估计的直接经济损失

F. 已经采取的措施

细说考点

　　1. 本考点还可能作为考题的题目：

　　（1）包括单位的全称、所处地理位置、所有制形式和隶属关系、生产经营范围和规模、持有各类证照的情况、单位负责人的基本情况以及近期的生产经营状况等内容都是事故调查报告中的（A）。

　　（2）事故发生后，生产经营单位向政府部门报告的内容应包括：事故发生单位的概况，事故发生的时间、地点以及事故现场情况，事故的简要经过，事故已造成或者可能造成的伤亡人数，（EF）和其他应当报告的情况。

　　（3）事故发生后，企业应立即进行上报，报告内容包括事故发生的时间、地点、事故现场情况、事故的简要经过、事故已经造成或者可能造成的伤亡人数（包括下落不明的人数）和初步评估的直接经济损失、已经采取的措施，以及（A）。

　　2. 下面再看一道题，看看这道题应该怎么做。

　　某地发生山体滑坡，经调查发现事故已造成20人重伤，5人死亡，另外有10人下落不明。在提交事故调查报告时，应填写的事故已经造成或者可能造成的伤亡人数为（D）。

A. 20　　　　　B. 30　　　　　C. 25　　　　　D. 35

有考生会问为什么不选择 C，如果你提出这样的问题，那就是对事故调查报告内容中事故已经造成或者可能造成的伤亡人数的说明忽略了，该说明就是包括下落不明的人数。这条说明可以解决以上的疑问。

考点6　事故调查的组织

(题干) 在生产安全事故调查中，特别重大事故由（A）组织事故调查组进行调查。
A. 国务院或国务院授权有关部门
B. 事故发生地省级人民政府或由其委托的有关部门
C. 事故发生地设区的市级人民政府或由其委托的有关部门
D. 事故发生地县级人民政府或由其委托的有关部门

细说考点

1. 本考点还可能作为考题的题目：
(1) 在生产安全事故调查中，重大事故由（B）组织事故调查组进行调查。
(2) 在生产安全事故调查中，较大事故由（C）组织事故调查组进行调查。
(3) 在生产安全事故调查中，一般事故由（D）组织事故调查组进行调查。

2. 还可能根据实例来考核由谁负责调查。例如：
(1) 某道路运输公司申请取得了甲县交通部门颁发的道路运营许可证并开始运营。某日该公司的一部车辆在乙县的一座停车场临时停车休息时，发生火灾事故，乙县消防部门立即展开应急救援，由于救援及时得当，这起事故未造成人员伤亡，但造成536.2万元的直接经济损失。负责组织这起事故调查工作的应是（B）。

A. 乙县人民政府　　　　　　　　　　B. 甲县人民政府
C. 甲县交通部门　　　　　　　　　　D. 乙县消防部门

(2) 2018年11月，甲省乙市丙县的X运输公司在甲省丁市戊县Y公司内卸车作业时发生一起造成2人死亡的生产安全事故。根据《生产安全事故报告和调查处理条例》，下列关于这起事故调查工作的说法中，正确的是（B）。

A. 由丙县人民政府负责　　　　　　　B. 由戊县人民政府负责
C. 由丁市人民政府负责　　　　　　　D. 由乙市人民政府负责

以上题目均没有直接给出事故类别，而是需要考生先根据已知条件判断一下题干所述为何种事故，在此基础上才能选出与之相匹配的事故调查的组织者。这两道题目非常好也具有代表性，实际上是将事故分类和事故调查组织结合在一起进行考核，这种考核方式与考试的趋势和深度是相符的，考生一定要重视。

3. 关于事故调查的组织，还有两点需要注意：
(1) 特别重大事故以下等级事故，事故发生地与事故发生单位不在同一个县级以上行政区域的，由事故发生地人民政府负责调查，事故发生单位所在地人民政府应当派人参加。

(2) 自事故发生之日起 30 日内，事故造成的伤亡人数发生变化的，应当及时补报。道路交通事故、火灾事故自发生之日起 7 日内，事故造成的伤亡人数发生变化的，应当及时补报。

考点7 事故调查组的组成

(题干) 某地发生生产安全事故，在进行事故调查时，事故调查组由（ABCDEF）派人组成。

A. 有关人民政府　　　　　　　　B. 安全生产监督管理部门
C. 负有安全生产监督管理职责的有关部门　　D. 监察机关
E. 公安机关　　　　　　　　　　F. 工会
G. 有关专家　　　　　　　　　　H. 人民检察院

细说考点

1. 本考点还可能作为考题的题目：
(1) 事故调查组组长由（A）指定。
(2) 事故调查组可以聘请（G）参与调查。
(3) 根据事故的具体情况，事故调查组应当邀请（H）派人参加。
(4) 事故调查报告报送负责事故调查的（A）后，事故调查工作即告结束。事故调查的有关资料应当归档保存。

2. 考生在事故调查组的组成和职责这一块，要记清由谁组成，分别邀请和聘请谁来参加，各自的职责又是什么。

考点8 事故发生的原因

(题干) 下列属于生产安全事故发生的直接原因有（ABC）。

A. 机械强度不够　　　　　　　　B. 维修调整不良
C. 使用不安全设备　　　　　　　D. 施工教育培训不够
E. 施工未经培训　　　　　　　　F. 缺乏或不懂安全操作技术知识
G. 劳动组织不合理　　　　　　　H. 对现场工作缺乏检查或指导错误
I. 没有认真实施事故防范措施　　J. 对事故隐患整改不力

细说考点

1. 本考点还可能作为考题的题目：

生产安全事故发生的间接原因有（DEFGHIJ）。

2.除了采用多项选择题的形式直接考核事故发生的原因外，还可能根据实例来判断事故发生的原因。例如：

某煤矿企业安排电气焊作业人员切割"密闭"钢带。由于"密闭"内瓦斯浓度达到爆炸浓度，作业人员在切割"密闭"前的钢带时，点燃了钢带与顶板间隙泄漏的瓦斯，引爆了"密闭"内的瓦斯，造成现场作业的3名人员当场死亡。导致此次事故发生的直接原因是（C）。

A. 安排人员井下违章使用电气焊作业
B. 施工"密闭"时未将钢带断开或拆除
C. "密闭"前的气割作业引爆"密闭"内瓦斯
D. 电气焊作业时未派专业人员在场检查

考点9　事故性质和事故责任分析

（题干）某空分厂在停产大修作业时，安全科长甲某审批动火证后，车间主任乙某第二天持动火证，安排操作工丙某进行焊接作业，丙某按工作任务在地坑附近作业时发生爆燃事故。该起事故认定为责任事故，追究事故相关人的责任。本事故中的甲某为（C）。

A. 直接责任者　　　　　　　　　　B. 主要责任者
C. 领导责任者

细说考点

1.本考点还可能作为考题的题目：

（1）某空分厂在停产大修作业时，安全科长甲某审批动火证后，车间主任乙某第二天持动火证，安排操作工丙某进行焊接作业，丙某按工作任务在地坑附近作业时发生爆燃事故。该起事故认定为责任事故，追究事故相关人的责任。本事故中的丙某为（A）。

（2）通过生产安全事故调查分析，对事故的性质和责任要有明确结论。其中，对认定为责任事故的，要按照责任大小和承担责任的不同，分别认定为主要责任者、直接责任者和（C）。

2.本考点共有两个采分点，除了事故责任分析外，还包括事故性质的认定。事故性质分为两种：一种是自然事故（非责任事故或者不可抗拒的事故）；第二种是责任事故。

考点10　有关生产安全事故调查与分析的时限

（题干）事故调查组应当自事故发生之日起（F）内提交事故调查报告。

A. 1h　　　　　　　　　　　　　　B. 2h

C. 30 日 D. 7 日
E. 15 日 F. 60 日

> **细说考点**

1. 本考点还可能作为考题的题目：
(1) 单位负责人接到事故报告后，应当在（A）内向事故发生地县级以上人民政府安全生产监督管理部门和负有安全生产监督管理职责的有关部门报告。
(2) 生产安全事故发生后，安全生产监督管理部门和负有安全生产监督管理职责的有关部门应逐级上报事故情况且每级上报的时间不得超过（B）。
(3) 道路交通事故、火灾事故自发生之日起（D）内，事故造成的伤亡人数发生变化的，应当及时补报。
(4) 除道路交通事故、火灾事故自事故外的其他事故，自发生之日起（C）内，事故造成的伤亡人数发生变化的，应当及时补报。
(5) 道路交通事故、火灾事故自发生之日起（D）内，因事故伤亡人数变化导致事故等级发生变化，依照规定应当由上级人民政府负责调查的，上级人民政府可以另行组织事故调查组进行调查。
(6) 除道路交通事故、火灾事故自事故外的其他事故，自发生之日起（C）内，因事故伤亡人数变化导致事故等级发生变化，依照规定应当由上级人民政府负责调查的，上级人民政府可以另行组织事故调查组进行调查。
(7) 特殊情况下，经负责事故调查的人民政府批准，提交事故调查报告的期限可以适当延长，但延长的期限最长不超过（F）。
(8) 重大事故、较大事故、一般事故，负责事故调查的人民政府应当自收到事故调查报告之日起（E）内做出批复。
(9) 特别重大事故，负责事故调查的人民政府应当自收到事故调查报告之日起（C）内做出批复。
(10) 对于特别重大事故，负责事故调查的人民政府收到事故调查报告后因特殊情况作出批复时间可以适当延长，但延长的时间最长不超过（C）。

2. 为了方便考生学习，编者将本专题下所有关于时限的内容汇总到了一起，考生掌握了以上题目也就掌握了本专题所有关于时限的采分点。有时为了增加考试难度，考核形式除了上述的直接提问外，还可能用具体的日期来让考生自己算天数，判断哪天截止。例如：

某地 5 月 31 日 9 时发生一起载客电梯由于观光层坠落至电梯井底而发生的事故，事故造成多人伤亡。当地省政府 6 月 1 日公布了事故调查组成员并于当日开始展开事故调查工作。为确保事故调查处理技术可靠，事故调查组在成立当天就委托具有相关资质的单位对电梯进行了多项技术鉴定，其中最长一项鉴定的天数为 75 天。在省政府未批准延期的情况下，事故调查组提交事故调查报告的最迟日期是（B）。

A. 6 月 30 日 B. 10 月 12 日
C. 8 月 14 日 D. 9 月 30 日

考点 11　事故调查报告的批复

(题干) 特别重大事故的调查报告由（A）批复。

A. 国务院
B. 负责事故调查的有关省级人民政府
C. 负责事故调查的设区的市级人民政府
D. 负责事故调查的县级人民政府

细说考点

1. 本考点还可能作为考题的题目：
(1) 重大事故的调查报告由（C）批复。
(2) 较大事故的调查报告由（D）批复。
(3) 一般事故的事故调查报告由（E）批复。
(4) 甲钢铁厂位于某省某市境内。某日，钢铁厂发生钢水包倾倒事故，造成15人死亡。有关部门迅速成立事故调查组进行调查，并形成了事故调查报告，批复该事故调查报告的行政部门是（C）。
2. 关于事故调查报告的批复，除了要掌握批复单位外还应知道批复的时间。

考点 12　事故隐患的分类

(题干) 根据《安全生产事故隐患排查治理暂行规定》，安全生产事故隐患是指生产经营单位违反安全生产法律、法规、规章、标准、规程和安全生产管理制度的规定，或者因其他因素在生产经营活动中存在可能导致事故发生的物的危险状态、人的不安全行为和管理上的缺陷。事故隐患可分为（AB）。

A. 一般事故隐患　　　　　　　　　　　B. 重大事故隐患

细说考点

本考点还可能作为考题的题目：
(1) 危害和整改难度较小，发现后能够立即整改排除的隐患是（A）。
(2) 危害和整改难度较大，应当全部或局部停产停业，并经过一定时间整改治理方能排除的隐患是（B）。
(3) 因外部因素影响致使生产经营单位自身难以排除的隐患是（B）。
(4) 对于（B），生产经营单位应当及时向安全监管监察部门和有关部门报告。
(5) 由生产经营单位负责人或者有关人员组织整改的是（A）。
(6) 由生产经营单位主要负责人组织制定并实施事故隐患治理方案的是（B）。

(7) 安全监管监察部门应当定期组织对生产经营单位事故隐患排查治理情况开展监督检查，对检查过程中发现的（B），应下达整改指令书，并建立信息管理台账。

(8) 对挂牌督办并采取全部或者局部停产停业治理的（B），安全监管监察部门收到生产经营单位恢复生产的申请报告后，应当在10日内进行现场审查。

考点13　事故隐患的排查

（题干）下列关于安全生产事故隐患排查的说法中，正确的有（ABCDEFGH）。

A. 生产经营单位主要负责人对本单位事故隐患排查治理工作全面负责

B. 生产经营单位是事故隐患排查、治理和防控的责任主体

C. 生产经营单位应逐级建立并落实从主要负责人到每个从业人员的隐患排查治理和监控责任制

D. 生产经营单位应当保证事故隐患排查治理所需的资金，建立资金使用专项制度

E. 生产经营单位应当定期组织安全生产管理人员、工程技术人员和其他相关人员排查本单位的事故隐患

F. 对排查出的事故隐患，应当按照事故隐患的等级进行登记，建立事故隐患信息档案，并按照职责分工实施监控治理

G. 生产经营单位对承包、承租单位的事故隐患排查治理负有统一协调和监督管理的职责

H. 生产经营单位应当每季、每年对本单位事故隐患排查治理情况进行统计分析

细说考点

1. A选项重点掌握"主要负责人"这几个关键字，如果单独对A选项进行考核的话，可能会在此处出题。

2. 生产经营单位将生产经营项目、场所、设备发包、出租的，这时的事故隐患排查工作应由谁来做呢？再来看上述题目中的G选项便是对这一问题的解答。在这里提示考生注意，对承包、承租单位事故隐患排查的责任主体进行考核的可能性还是很大的。

考点14　重大事故隐患治理

（题干）对于重大事故隐患，生产经营单位的主要负责人应组织制定隐患的治理方案，这一方案的内容应包括（CDEFGH）。

A. 隐患的现状及其产生原因　　　　B. 隐患的危害程度和整改难易程度分析

C. 治理的目标和任务　　　　　　　D. 采取的方法和措施

E. 经费和物资的落实　　　　　　　F. 负责治理的机构和人员

G. 治理的时限和要求　　　　　　　　H. 安全措施和应急预案

> **细说考点**
>
> 1. 本考点还可能作为考题的题目：
> 对于重大事故隐患，生产经营单位应当及时向安全监管监察部门和有关部门报告。重大事故隐患报告的内容应包括（AB）。
>
> 2. 在对重大事故隐患治理方案的内容进行考核时，很可能会将重大事故隐患报告的内容作为错误选项来干扰考生。
>
> 3. 关于重大事故隐患治理，考生还应掌握以下采分点：
> 对挂牌督办并采取全部或者局部停产停业治理的重大事故隐患，安全监管监察部门收到生产经营单位恢复生产的申请报告后，应当在 10 日内进行现场审查。审查合格的，对事故隐患进行核销，<u>同意恢复生产经营</u>；审查不合格的，<u>依法责令改正或者下达停产整改指令</u>。对整改无望或者生产经营单位拒不执行整改指令的，<u>依法实施行政处罚</u>；不具备安全生产条件的，<u>依法提请县级以上人民政府按照国务院规定的权限予以关闭</u>。

第二讲
安全生产技术基础

专题一　机械、电气安全技术

可考题目及题型

考点1　机械的危险有害因素

（题干）冲压（剪）是指靠压力机和模具对板材、带材和型材等施加外力使之产生分离，获得预定尺寸和形状工件的加工方法。冲压（剪）作业的危险因素较多，使用时应严格执行操作规程，否则容易造成伤害。下列属于冲压（剪）作业危险因素的是（ABCD）。

A. 设备结构危险　　　　　　　　B. 动作失控
C. 开关失灵　　　　　　　　　　D. 模具危害
E. 机械伤害　　　　　　　　　　F. 火灾和爆炸
G. 木材的生物危害　　　　　　　H. 木材的化学危害
I. 木粉尘危害　　　　　　　　　J. 噪声危害
K. 振动危害　　　　　　　　　　L. 灼烫危害
M. 高处坠落　　　　　　　　　　N. 尘毒危害
O. 高温　　　　　　　　　　　　P. 热辐射

> **细说考点**
>
> 1. 本考点还可能作为考题的题目：
> （1）下列危险有害因素中，属于木工机械加工过程中危险有害因素的是（EFGHIJK）。
> （2）铸造是一种金属热加工工艺，是将熔融的金属注入、压入或吸入铸模的空腔中使之成型的加工方法。下列危险有害因素中，属于铸造作业危险有害因素的是（EFJKLMNOP）。
> （3）锻造是一种利用锻压机械对金属坯料施加压力，使其产生塑性变形以获得具有一定机械性能、一定形状和尺寸的锻件的加工方法。下列危险有害因素中，属于锻造作业危险有害因素的是（EFJKLNP）。
> （4）木材加工中常见的（E）包括刀具的切割伤害、木料的冲击伤害、飞出物的打击伤害。

(5) 在锻造作业过程中，原料、锻件等在运输过程中造成的砸伤属于锻造作业危险有害因素中的（E）。

(6) 辅助工具打飞击伤、锤杆断裂击伤属于锻造作业危险有害因素中的（E）。

2. 机械的危险有害因素是重要考点，考生一定要掌握。如果对某一作业的危险有害因素进行考核的话，可能会将其他作业的危险有害因素作为干扰选项。因此本考点的得分关键是正确区分各作业类型的危险有害因素，避免混淆。

3. 除了以上内容，考生还需要掌握以下采分点，首先看一道例题：

金属铸造是将熔融的金属注入、压入或吸入铸模的空腔中使之成型的加工方法。铸造作业中存在着火灾及爆炸、灼烫、高湿和热辐射等多种危险有害因素。下列铸造作业事故的直接原因中，不属于引起火灾及爆炸的原因是（C）。

A. 铁水飞溅有易燃物上　　　　　　B. 红热的铸件遇到易燃物

C. 热辐射照射在人体上　　　　　　D. 水落到铁水表面

这道题目实际上是对铸造作业危险有害因素的进一步考查。即铸造作业七大危险有害因素具体产生的原因是什么。鉴于这一情况，考生应当掌握以下知识点：

(1) 引发火灾和爆炸的原因是红热的铸件、飞溅铁水等遇到易燃易爆物品；

(2) 造成灼烫的原因是被熔融金属烫伤、被飞溅的铁水烫伤；

(3) 造成机械伤害的原因是机械设备、工具或工件的非正常选择和使用，人的违章操作；

(4) 引发高处坠落事故的原因是作业工作环境恶劣、照明不良，车间设备立体交叉；

(5) 造成尘毒危害的原因是作业环境中产生大量的粉尘和有毒气体；

(6) 造成噪声振动危害的原因是铸造车间使用的振实造型机、铸件打箱时使用的振动器、铸件清理工序中使用的风动工具；

(7) 造成高温和热辐射的原因是铸造生产在熔化、浇铸、落砂工序中都会散发出大量的热量。

考点2　机械伤害预防对策

（题干）预防机械伤害包括两方面对策：一是实现机械本质安全；二是保护操作者及有关人员安全。下列措施中，属于保护操作者及有关人员安全的措施有（EFGH）。

A. 消除产生危险的原因

B. 减少或消除接触机器的危险部件的次数

C. 使人们难以接近机器的危险部位

D. 提供保护装置或者个人防护装备

E. 通过培训，提高人们辨别危险的能力

F. 通过对机器的重新设计，使危险部位更加醒目，或者使用警示标志

G. 通过培训，提高避免伤害的能力

H. 采取必要的行动增强避免伤害的自觉性

> **细说考点**
>
> 1. 本考点还可能作为考题的题目：
>
> 机械本质安全是指机械的设计者，在设计阶段采取措施消除隐患的一种实现机械安全的方法。下列措施中，属于实现机械本质安全的是（ABCD）。
>
> 2. 本考点的采分点很明确，就是考查考生是否能够对预防对策措施进行正确的归纳划分，考查难度不大，得分的关键在于记忆。
>
> 3. 实现机械本质安全的四种常用对策措施可以结合应用，同时也是有先后顺序的，下面来看一道例题：
>
> 预防机械伤害有两方面的对策，一是实现设备的本质安全，二是采取综合措施提高相关人员预防事故的能力。实现本质安全的四种常用方法可以结合应用，应用的优先顺序是（A）。
>
> A. 消除产生危险的原因→减少或消除接触机器危险部位的次数→使人难以接近机器的危险部位→提供保护装置或个人防护装备
>
> B. 消除产生危险的原因→使人难以接近机器的危险部位→减少或消除接触机器危险部位的次数→提供保护装置或个人防护装备
>
> C. 提供保护装置或个人防护装备→减少或消除接触机器危险部位的次数→使人难以接近机器的危险部位→消除产生危险的原因
>
> D. 消除产生危险的原因→使人难以接近机器的危险部位→提供保护装置或个人防护装备→减少或消除接触机器危险部位的次数
>
> 考生要记住这一顺序。

考点 3　机械安全设计

（题干）机械设计本质安全是在设计阶段采取措施来消除隐患的设计方法。下列关于机械安全设计的方法和要求中，属于机械本质安全设计范畴的是（ABCDEFG）。

A. 采用本质安全技术　　　　　　　B. 限制机械应力

C. 保证提交材料和物质的安全性　　D. 符合安全人机工程学原则

E. 设计安全的控制系统　　　　　　F. 防止气动和液压系统造成的危险

G. 预防电气危害　　　　　　　　　H. 设计操作限制开关

I. 设计把手和预防下落的装置　　　J. 设计失效安全的紧急开关

K. 考虑空间、照明、管线、维护安全等因素

> **细说考点**
>
> 本考点还可能作为考题的题目：

(1) 机械设计者应保证当机器发生故障时不产生危险，在机械安全设计的方法和要求中，属于机械失效安全设计范畴的是（HIJ）。

(2) 机械设计者应把机器的部件安置到不可能触及的地点，在机械安全设计的方法和要求中，属于机械机器布置安全设计范畴的是（K）。

考点4　机器安全防护装置

（题干）机器安全防护装置主要包括（ABCDEFGHI）。
A. 固定安全防护装置　　　　　　B. 联锁安全装置
C. 控制安全装置　　　　　　　　D. 自动安全装置
E. 隔离安全装置　　　　　　　　F. 可调安全装置
G. 自动调节安全装置　　　　　　H. 跳闸安全装置
I. 双手控制安全装置

细说考点

本考点还可能作为考题的题目：

(1) 在机器安全防护装置的具体分类中，(A) 能自动地满足机器运行的环境及过程条件，装置的有效性取决于其固定的方法和开口的尺寸，以及在其开启后距危险点有足够的距离。

(2) 在机器安全防护装置的具体分类中，(A) 只有用改锥、扳手等专用工具才能拆卸。

(3) 在机器安全防护装置的具体分类中，只有该安全装置关合时，机器才能运转；同时只有机器的危险部件停止运动时，该安全装置才能开启。这一机器安全防护装置是 (B)。

(4) 在机器安全防护装置的具体分类中，(B) 可采取机械、电气、液压、气动或组合的形式。在设计该装置时，必须使其在发生任何故障时，都不使人员暴露在危险之中。

(5) 为使机器能迅速地停止运动，可以使用的安全防护装置 (C)。

(6) 在机器安全防护装置的具体分类中，(D) 是把暴露在危险中的人体从危险区域中移开，这一装置仅限于在低速运动的机器上采用。

(7) 在机器安全防护装置的具体分类中，(E) 是一种阻止身体的任何部分靠近危险区域的设施。

(8) 在无法实现对危险区域进行隔离的情况下，应使用的安全防护装置是 (F)。

(9) 由于工件的运动而自动开启，当操作完毕后又回到关闭状态的安全防护装置是 (G)。

(10) 在机器安全防护装置的具体分类中,(H) 在操作到危险点之前,能自动使机器停止或反向运动。

考点 5　机械制造场所安全技术

(题干) 下列措施中与机械制造场所安全技术要求相符合的是（ABCDEFGHIJKLMNOPQRSTUV）。

　　A. 厂房跨度为 15m 时,单跨厂房的两边有采光侧窗

　　B. 多跨厂房相连,相连各跨有天窗

　　C. 车间通道照明灯的覆盖长度应大于 90% 的车间安全通道长度

　　D. 车辆双向行驶的干道的宽度不应小于 5m

　　E. 有单向行驶标志的厂区主干道宽度不小于 3m

　　F. 进入厂区门口、危险地段需设置限速限高牌、指示牌和警示牌

　　G. 车间通行汽车的安全通道宽度应大于 3m

　　H. 车间通行电瓶车的安全通道宽度应大于 1.8m

　　I. 车间通行手推车、三轮车的安全通道宽度应大于 1.5m

　　J. 车间人行通道的宽度应大于 1m

　　K. 通道标记应醒目,画出边沿标记,转弯处不能形成直角

　　L. 大型设备间距不应小于 2m

　　M. 中型设备间距不应小于 1m

　　N. 小型设备间距不应小于 0.7m

　　O. 大型设备与墙、柱的距离不应小于 0.9m

　　P. 中型设备与墙、柱的距离不应小于 0.8m

　　Q. 小型设备与墙、柱的距离不应小于 0.7m

　　R. 对低于 2m 高的运输线的起落段两侧应加设防护栏,栏高不低于 1.05m

　　S. 生产场所应划分毛坯区,成品、半成品区,工位器具区,废物垃圾区

　　T. 产品坯料等应限量存入,白班存放量为每班加工量的 1.5 倍,夜班存放量为加工量的 2.5 倍

　　U. 工件、物料摆放不得超高

　　V. 为生产而设置的深大于 0.2m、宽大于 0.1m 的坑、壕、池应有可靠的防护栏或盖板

细说考点

　　1. 如果对机械制造场所安全技术进行考核的话,可能会在以上备选项中选择四个或五个组合在一起并将其中某些选项改错变为干扰项。本考点重在考核每个备选项中的数字部分,因此考生一定要牢记。

2. 注意区分 G~J 选项、L~N 选项、O~P 选项，避免混淆。

考点6　电击

（题干）根据电击时所触及的带电体是否为正常带电状态，电击分为（AB）。
A. 直接接触电击　　　　　　　　B. 间接接触电击
C. 单相电击　　　　　　　　　　D. 两相电击
E. 跨步电压电击

细说考点

1. 本考点还可能作为考题的题目：
(1) 按照人体触及带电体的方式，电击可分为（CDE）。
(2) 电气设备或线路正常运行条件下，人体直接触及设备或线路的带电部分所形成的电击是（A）。
(3) 在设备或线路故障状态下，原本正常情况下不带电的设备外露可导电部分或设备以外的可导电部分变成了带电状态，人体与故障状态下带电的可导电部分触及而形成的电击被称为（B）。
(4) 人体接触到地面或其他接地导体，同时人体另一部位触及某一相带电体所引起的电击属于（C）。
(5) 人体的两个部位同时触及两相带电体所引起的电击被称为（D）。
(6) 站立或行走的人体，受到出现于人体两脚之间的电压即跨步电压作用所引起的电击属于（E）。

2. 本考点共两个采分点：一是电击类型的正确划分；二是根据各类型电击的概念准确判定题目所述情形属于哪类电击。对于第二个采分点可能会这样考核：
下图是某工地一起重大触电事故的现场图片。20余名工人抬瞭望塔经过10kV架空线下方时发生强烈放电，导致多人触电死亡。按照触电事故的类型，该起触电事故属于（B）

A. 低压直接接触电击　　　　　　B. 高压直接接触电击
C. 高压间接接触电击　　　　　　D. 低压间接接触电击

> 解答这道题目需要充分理解直接接触电击、间接接触电击的概念,并在理解的基础上能够灵活运用。这类题目有一定的难度,也将是未来的考试趋势,考生可多做相关练习题目。

考点 7　电伤

(题干) 电伤是电流的热效应、化学效应、机械效应等对人体所造成的伤害,主要包括(ABCDEF)。

A. 电流灼伤　　　　　　　　B. 电弧烧伤
C. 电烙印　　　　　　　　　D. 皮肤金属化
E. 机械损伤　　　　　　　　F. 电光性眼炎

细说考点

本考点还可能作为考题的题目:

(1) 人体与带电体接触,电流通过人体时,因电能转换成的热能引起的伤害是(A),这一伤害一般发生在低压电气设备上。

(2) 最严重的电伤是(B)。

(3) 由弧光放电造成的烧伤是(B),这一伤害既可以发生在高压系统中,也可以发生在低压系统中。

(4) 在电伤类型中,(C)指电流通过人体后,在皮肤表面接触部位留下与接触带电体形状相似的斑痕。

(5) 在电伤类型中,(D)是由高温电弧使周围金属熔化、蒸发并飞溅渗透到皮肤表层内部所造成的。

(6) 在电伤类型中,(E)多数是由于电流作用于人体,使肌肉产生非自主的剧烈收缩所造成的。

考点 8　电气引燃源

(题干) 由电气引燃源引起的火灾和爆炸在火灾、爆炸事故中占有很大的比例。电气设备在异常状态产生的危险温度和电弧都可能引燃成灾甚至直接引起爆炸。下列电气设备的异常状态中,可能产生危险温度的有(ABCDEFGHIJ)。

A. 短路　　　　　　　　　　B. 过载
C. 漏电　　　　　　　　　　D. 接触不良
E. 铁心过热　　　　　　　　F. 散热不良
G. 机械故障　　　　　　　　H. 电压异常
I. 电热器具和照明器具　　　J. 电磁辐射能量

K. 工作电火花　　　　　　　　L. 事故电火花

> **细说考点**
>
> 1. 本考点还可能作为考题的题目：
> (1) 电气线路或设备设计选型不合理，或没有考虑足够的裕量，以致在正常使用情况下出现过热。这属于因（B）形成的危险温度。
> (2) 电气设备或线路使用不合理，负载超过额定值或连续使用时间过长，超过线路或设备的设计能力，由此造成过热。这属于因（B）形成的危险温度。
> (3) 设备故障运行造成设备和线路超过负载，属于因（B）形成的危险温度。
> (4) 电气回路谐波能使线路电流增大而（B）。
> (5) 刀开关、断路器、接触器、控制器接通和断开线路时产生的火花属于（K）。
> (6) 插销拔出或插入时的火花属于（K）。
> (7) 直流电动机的电刷与换向器的滑动接触处产生的火花属于（K）。
> (8) 绕线式异步电动机的电刷与滑环的滑动接触处产生的火花属于（K）。
> (9) 绝缘损坏、导线断线或连接松动导致接地时产生的火花属于（L）。
> (10) 电路发生故障，熔丝熔断时产生的火花属于（L）。
>
> 2. 相对于额定值，电压过高和过低均属电压异常。关于电压异常需要掌握以下知识点：
> (1) 电压过高会使：<u>铁心发热增加；恒阻抗设备电流增大而发热</u>。
> (2) 电压过低会使：<u>电动机堵转、电磁铁衔铁吸合不上；线圈电流增加而发热；恒功率设备电流增大而发热</u>。
>
> 3. 注意：由外部原因产生的火花（<u>雷电直接放电及二次放电火花、静电火花、电磁感应火花</u>）同样属于事故火花。

考点 9　电气装置及电气线路火灾

(题干) 异步电动机的火灾危险性是由于其内部和外部的诸如制造工艺和操作运行等多种原因造成的。其原因主要有（ABCDE）。

A. 电源电压波动、频率过低　　　　B. 电机运行中发生过载、堵转、扫膛
C. 电机绝缘破坏，发生相间、匝间短路　　D. 绕组断线或接触不良
E. 选型和启动方式不当　　　　　　F. 电缆绝缘损坏
G. 电缆头故障使绝缘物自燃　　　　H. 电缆接头存在隐患
I. 堆积在电缆上的粉尘起火　　　　J. 可燃气体从电缆沟窜入变、配电室
K. 电缆起火形成蔓延

> **细说考点**
>
> 1. 针对本考点，还可能考核的题目有：
> 电缆火灾的常见起因有（FGHIJK）。

2.考生除了掌握电动机及电缆发生火灾的原因外,还应知道油浸式变压器火灾、多油断路器等充油设备发生燃爆的原因是:绝缘油在高温电弧作用下气化和分解,喷出大量油雾和可燃气体,引起空间爆炸。

考点10 雷电与静电的危害形式和事故后果

(题干)雷电具有雷电流幅值大、雷电流陡度大、冲击性强、冲击过电压高的特点。下列属于雷电危害形式的是 (ABCDEFG)。

A. 破坏高压输电系统
B. 毁坏发电机、电力变压器等电气设备的绝缘
C. 直击雷引燃可燃物
D. 巨大的雷电流烧毁导体
E. 产生电火花
F. 发生二次事故
G. 妨碍生产

细说考点

1.本考点还可能作为考题的题目:
(1)静电危害是由静电电荷或静电场能量引起的,静电的危害形式包括(EFG)。
(2)雷电具有电性质、热性质和机械性质三方面的破坏作用,下列雷击导致的破坏现象中,属于电性质破坏作用的是(AB)。
(3)雷电具有电性质、热性质和机械性质三方面的破坏作用,下列雷击导致的破坏现象中,属于热性质的破坏作用的是(CD)。

2.雷电具有三方面的破坏作用,在考试时可能会让考生判断题目所述属于哪一类型的破坏作用。这是一个非常好的采分点,一定要掌握。

3.本考点还有一个重要的采分点是雷电和静电危害的事故后果。下面以表格的形式列出:

类别	事故后果
雷电	(1)火灾和爆炸。 (2)触电。 (3)设备和设施毁坏。 (4)大规模停电
静电	(1)火灾和爆炸。 (2)人体二次事故(坠落、跌伤、造成恐惧心理)。 (3)产品质量不良、电子设备损坏

4. 在考试时也可能会将危害形式和事故后果结合起来进行共同考查，例如：

静电伤害是由静电电荷和静电场能量引起的。下列关于生产过程所产生静电的危害形式和事故后果的说法中，正确的是（B）。

A. 静电电压可能高达数千伏以上，能量巨大，破坏力强
B. 静电放电火花会成为可燃性物质的点火源，引发爆炸和火灾事故
C. 静电可直接使人致命
D. 静电不会导致电子设施损坏，但会妨碍生产，导致产品质量不良

考点 11　触电防护技术

（题干）直接接触电击防护措施的主要作用是防止人体触及或过分接近带电体造成触电事故以及防止短路、故障接地等电气事故。直接接触电击的基本防护措施包括（**ABC**）。

A. 绝缘　　　　　　　　　B. 屏蔽
C. 间距　　　　　　　　　D. IT 系统
E. TT 系统　　　　　　　 F. TN 系统
G. 双重绝缘　　　　　　　H. 安全电压
I. 剩余电流动作保护

细说考点

1. 本考点还可能作为考题的题目：

(1) 在直接接触电击防护措施中，（A）是利用绝缘材料对带电体进行封闭和隔离。

(2) 在直接接触电击防护措施中，（B）主要是采用遮栏、护罩、护盖、箱匣等把危险的带电体同外界隔离开来。

(3) 间接接触电击防护措施主要包括（DEF）。

(4) 在间接接触电击防护措施中，（D）的做法是将电气设备在故障情况下可能呈现危险电压的金属部位经接地线、接地体同大地紧密地连接起来。

(5) 在间接接触电击防护措施中，（D）的安全原理是通过低电阻接地，把故障电压限制在安全范围以内。

(6) 在间接接触电击防护措施中，（D）适用于各种不接地配电网，但通过这一做法漏电状态并未消失。

(7) 在间接接触电击防护措施中，（E）主要用于未装备配电变压器，从外面引进低压电源的小型用户。

(8) 在间接接触电击防护措施中，（F）的第一位的安全作用是迅速切断电源。这一防护措施虽能降低漏电设备上的故障电压，但一般不能降低到安全范围以内。

(9) 兼防直接接触和间接接触电击的防护措施有（GHI）。

2. 对于 TN 系统还需要知道其具体分类，以及各类型的特点及适用范围。下面以表格的形式体现：

类型	特点	适用范围
TN-S	是 PE 线 N 线完全分开的系统	适用于有爆炸危险，火灾危险性大及其他安全要求高的场所
TN-C-S	是干线部分的前一段 PE 线与 N 线共用为 PEN 线，后一段 PE 线与 N 线分开的系统	适用于厂内低压配电的场所及民用楼房
TN-C	是干线部分 PE 线与 N 线完全共用的系统。其安全性能最好，正常工作条件下，外露导电部分和保护导体均呈零电位，被称为是最"干净"的系统	适用于触电危险性小、用电设备简单的场合

3. 除上述内容外还需要考生掌握的一个采分点是电气设备的防触电保护分类。电气设备的防触电保护可分成 5 类：0 类设备、0I 类设备、Ⅰ类设备、Ⅱ类设备、Ⅲ类设备。每一种类型的特性及适用范围是需要考生重点记忆的内容，考核的可能性很大。

考点 12　建筑物防雷的分类

（题干）建筑物防雷的分类是指建筑物按其重要性、生产性质、遭受雷击的可能性和后果的严重性所进行的分类。下列属于第一类防雷建筑物的是（ABCD）。

A. 制造、使用或储存火炸药及其制品的危险建筑物

B. 具有 0 区或 20 区爆炸危险场所的建筑物

C. 具有 1 区或 21 区爆炸危险场所的建筑物，因电火花而引起爆炸，会造成巨大破坏和人身伤亡者

D. 火药制造车间、乙炔站、电石库、汽油提炼车间

E. 国家级重点文物保护的建筑物

F. 国家级的会堂、办公建筑物、大型展览和博览建筑物、大型火车站和飞机场、国宾馆

G. 国家级档案馆、大型城市的重要给水水泵房等特别重要的建筑物

H. 国家级计算中心、国际通讯枢纽等对国民经济有重要意义的建筑物

I. 国家特级和甲级大型体育馆

J. 制造、使用或储存火炸药及其制品的危险建筑物，且电火花不易引起爆炸或不致造成巨大破坏和人身伤亡者

K. 具有1区或21区爆炸危险场所的建筑物，且电火花不易引起爆炸或不致造成破坏和人身伤亡者

L. 具有2区或22区爆炸危险场所的建筑物

M. 有爆炸危险的露天钢质封闭气罐

N. 预计雷击次数大于0.05次/a的部、省级办公建筑物

O. 预计雷击次数大于0.25次/a的住宅、办公楼

P. 省级重点文物保护的建筑物及省级档案馆

Q. 预计雷击次数大于或等于0.01次/a且小于或等于0.05次/a的部、省级办公建筑物

R. 预计雷击次数大于或等于0.05次/a且小于或等于0.25次/a的住宅、办公楼

S. 在平均雷暴日大于15d/a的地区，高度在15m及以上的烟囱、水塔等孤立的高耸建筑物

T. 在平均雷暴日小于或等于15d/a的地区，高度在20m及以上的烟囱、水塔等孤立的高耸建筑物

细说考点

1. 本考点还可能作为考题的题目：

(1) 建筑物防雷的分类是指建筑物按其重要性、生产性质、遭受雷击的可能性和后果的严重性所进行的分类，第二类防雷建筑物包括（EFGHIJKLMNO）。

(2) 建筑物防雷的分类是指建筑物按其重要性、生产性质、遭受雷击的可能性和后果的严重性所进行的分类，第三类防雷建筑物包括（PQRST）。

2. 本采分点的考核难度不大，得分的关键在于是否能够正确区分这三类建筑。

3. 注意C选项和K选项，两者很相似，均是具有1区或21区爆炸危险场所的建筑物，成为第一类防雷建筑物还是第二类防雷建筑物主要取决于电火花是否会引起爆炸，并造成巨大破坏和人身伤亡。同理，注意区分N和Q选项，O和R选项。

考点13　防雷装置

（题干） 建筑物防雷装置是指用于对建筑物进行雷电防护的整套装置，由外部防雷装置和内部防雷装置组成。下列属于外部防雷装置的是（ABC）。

A. 接闪器　　　　　　　　B. 引下线
C. 接地装置　　　　　　　D. 屏蔽导体
E. 等电位连接件　　　　　F. 电涌保护器
G. 避雷器

细说考点

1. 本考点还可能作为考题的题目：

(1) 内部防雷装置主要包括（DEFG）。

(2) 利用高出被保护物的地位，把雷电引向自身，起到拦截闪击作用的防雷装置

是（A）。

(3) 需满足机械强度、耐腐蚀和热稳定等要求的防雷装置是（B）。

(4) 用于传导雷电流并将其流散入大地的防雷装置是（C）。

(5) 在内部防雷装置中，(F) 的作用是把窜入电力线、信号传输线的瞬态过电压限制在设备或系统所能承受的电压范围内。

(6) 在内部防雷装置中，(G) 用来防护雷电产生的过电压沿线路侵入变配电所或建筑物内，以免危及被保护电气设备的绝缘。

(7) 对于变配电设备，常采用（G）作为防止雷电波侵入的装置。

2. 关于避雷器还需要掌握以下知识点：

(1) 避雷器按其结构可分为阀型避雷器、氧化锌避雷器等。

(2) 阀型避雷器：正常时对地保持绝缘状态；当雷电冲击波到来时，避雷器被击穿，将雷电引入大地，冲击波过去后，避雷器自动恢复绝缘状态。

(3) 氧化锌避雷器：具有无间隙、无续流、残压低等优点，被广泛使用。

考点 14　防雷措施

（题干） 直击雷防护的主要措施是（A）。

A. 装设接闪杆、架空接闪线或网　　B. 静电感应防护
C. 电磁感应防护　　D. 闪电电涌侵入防护
E. 人身防雷

细说考点

1. 本考点还可能作为考题的题目：

(1) 第一类防雷建筑物的直击雷防护，要求装设独立的（A）。

(2) 第一类防雷建筑物和具有爆炸危险的第二类防雷建筑物均应采取防闪电感应的防护措施，防闪电感应的防护措施包括（BC）。

(3) 第一类防雷建筑物、第二类防雷建筑物和第三类防雷建筑物均应采取的防雷措施是（AD）。

(4) 防雷措施主要包括（ABCDE）。

2. 除了采用以上考核形式外，还可能会反过来考核某一防护措施所对应的防雷建筑物类别。现总结于下表，方便考生记忆：

防雷措施	防雷建筑物类别
直击雷防护	(1) 第一类防雷建筑物（要求装设独立接闪杆、架空接闪线或网）。 (2) 第二、三类防雷建筑物（宜采用装设在建筑物上的接闪网、接闪带或接闪杆，或由其混合组成的接闪器）

续表

防雷措施	防雷建筑物类别
闪电感应防护	(1) 第一类防雷建筑物。 (2) 具有爆炸危险的第二类防雷建筑物
闪电电涌侵入防护	(1) 第一类防雷建筑物。 (2) 第二类防雷建筑物。 (3) 第三类防雷建筑物

考点 15　静电防护措施

(题干) 静电防护措施包括环境危险程度的控制、工艺控制和静电接地等，下列属于环境危险程度的控制措施是（ABC）。

A. 取代易燃介质
B. 降低爆炸性气体、蒸气混合物的浓度
C. 减少氧化剂含量
D. 采用位于静电序列中段的金属材料制成生产设备
E. 在存在摩擦而且容易产生静电的工艺环节，生产设备使用与生产物料相同的材料
F. 限制物料的运动速度
G. 用来加工、储存、运输各种易燃液体、易燃气体和粉体的设备必须接地
H. 工厂或车间的氧气、乙炔等管道必须连成一个整体，并予以接地
I. 汽车槽车、铁路槽车在装油之前，应与储油设备跨接并接地
J. 汽车槽车、铁路槽车装、卸完毕先拆除油管，后拆除跨接线和接地线

细说考点

1. 本考点还可能作为考题的题目：

(1) 静电防护措施包括环境危险程度的控制、工艺控制和静电接地等，下列属于工艺控制方面的措施是（DEF）。

(2) 接地是防静电危害的最基本措施，它的目的是使工艺设备与大地之间构成电气上的泄漏通路，将产生在工艺过程的静电泄漏于大地，防止静电的积聚。下列属于静电接地措施的是（GHIJ）。

2. 静电防护措施除了前面所述的环境危险程度的控制、工艺控制和静电接地外，还包括增湿、抗静电添加剂、静电中和器、穿防静电工作服。

专题二 防火防爆安全技术

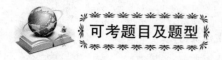

考点1 火灾的分类

（题干）根据《火灾分类》GB/T 4968—2008，木材、棉、毛、麻、纸张火灾属于（A）。

A. A类火灾 　　　　　　　　　　B. B类火灾
C. C类火灾 　　　　　　　　　　D. D类火灾
E. E类火灾 　　　　　　　　　　F. F类火灾

细说考点

1. 本考点还可能作为考题的题目：

（1）按物质的燃烧特性，《火灾分类》GB/T 4968—2008 将火灾分为（ABCDEF）。

（2）根据《火灾分类》GB/T 4968—2008 的规定，固体物质火灾是（A），这类火灾在燃烧时能产生灼热灰烬。

（3）按可燃物的类型和燃烧特征，《火灾分类》GB/T 4968—2008 将火灾分为6类，"液体火灾和可熔化的固体物质火灾"是指（B）。

（4）根据《火灾分类》GB/T 4968—2008 的规定，汽油、煤油、柴油、原油、甲醇、乙醇、沥青、石蜡火灾属于（B）。

（5）按可燃物的类型和燃烧特征，《火灾分类》GB/T 4968—2008 将火灾分为6类，"气体火灾"是指（C）。

（6）根据《火灾分类》GB/T 4968—2008 的规定，煤气、天然气、甲烷、乙烷、丙烷、氢气火灾属于（C）。

（7）按可燃物的类型和燃烧特征，《火灾分类》GB/T 4968—2008 将火灾分为6类，"金属火灾"是指（D）。

（8）根据《火灾分类》GB/T 4968—2008 的规定，钾、钠、镁、钛、锆、锂、铝镁合金火灾属于（D）。

（9）按可燃物的类型和燃烧特征，《火灾分类》GB/T 4968—2008 将火灾分为6类，"带电火灾"是指（E）。

（10）根据《火灾分类》GB/T 4968—2008 的规定，发电机、电缆、家用电器等物体带电燃烧的火灾属于（E）。

（11）根据《火灾分类》GB/T 4968—2008 的规定，烹饪器具内烹饪物火灾属于（F）。

2. 火灾除按照以上分类方法进行分类外，还可依据一次火灾事故造成的人员伤亡、受灾户数和财产直接损失金额进行划分，依据这一分类标准可将火灾分为：特大火灾、重大火灾、一般火灾。

考点 2　防火、防爆基本技术措施

（题干）火灾爆炸的预防措施包括防火和防爆两方面。下列属于防火基本措施的是（ABCDEFGHI）。

A. 以不燃溶剂代替可燃溶剂
B. 密闭和负压操作
C. 通风除尘
D. 惰性气体保护
E. 采用耐火建筑材料
F. 严格控制火源
G. 阻止火焰的蔓延
H. 抑制火灾可能发展的规模
I. 组织训练消防队伍和配备相应消防器材

细说考点

1. 考生除了要掌握防火基本措施外，还应当知道防爆的基本原则和措施。防爆的基本原则是根据对爆炸过程特点的分析采取相应的措施，防止第一过程的出现，控制第二过程的发展，削弱第三过程的危害。防爆的基本措施包括：防止爆炸性混合物的形成；及时泄出燃爆开始时的压力；切断爆炸传播途径；减弱爆炸压力和冲击波对人员、设备和建筑的损坏等。

2. 在考核防火措施时可能会将防爆基本措施作为错误选项。需要考生注意的是，"严格控制火源"是两者的共同措施。

考点 3　明火控制措施

（题干）消除着火源是防火和防爆的最基本措施，控制着火源对防止火灾和爆炸事故的发生具有极其重要的意义。下列点火源控制措施中，属于明火控制措施的是（ABCDEFGHIJKL）。

A. 加热易燃物料时，要尽量避免采用明火设备，宜采用热水或其他介质间接加热
B. 明火加热设备应布置在可能泄漏易燃气体的工艺设备和储罐区上风向或侧风向
C. 有飞溅火花的加热装置，应布置在可能泄漏易燃气体的工艺设备和储罐区的侧风向
D. 在可燃可爆区域内动火焊割时，应将系统和环境进行彻底的清洗或清理

E. 焊割动火现场应配备必要的消防器材，并将可燃物品清理干净

F. 对可能积存可燃气体的管沟、电缆沟、深坑、下水道内，应用惰性气体吹扫干净，再用非燃体进行遮盖

G. 气焊作业时，应将乙炔发生器放置在安全地点

H. 电杆线破残应及时更换或修理，不得利用与易燃易爆生产设备有联系的金属构件作为电焊地线

I. 存在火灾和爆炸危险的场所，不得使用蜡烛、火柴或普通灯具照明

J. 汽车、拖拉机确需进入存在火灾和爆炸危险的场所，其排气管上应安装火花熄灭器

K. 在有爆炸危险的车间和仓库内，禁止吸烟和携带火柴、打火机等

L. 明火与有火灾爆炸危险的厂房和仓库相邻时，应保证足够的安全距离

细说考点

1. 本考点还可能作为考题的题目：

(1) 生产过程中的加热用火、维修焊接用火及其他火源是导致火灾爆炸最常见的原因，下列属于加热用火控制措施的是 (ABC)。

(2) 生产过程中的加热用火、维修焊接用火及其他火源是导致火灾爆炸最常见的原因，下列属于维修焊割用火控制措施的是 (DEFGH)。

2. 明火属于化工企业中常见的着火源之一，除明火外的其他着火源还有：化学反应热、化工原料的分解自燃、热辐射、高温表面、摩擦和撞击、绝热压缩、电气设备及线路的过热和火花、静电放电、雷击和日光照射等。

考点4 爆炸控制措施

（题干）爆炸控制的措施分为若干种，用于防止容器或室内爆炸的安全措施有 (FGH)。

A. 用惰性气体取代空气　　　　　　B. 设备和管路的系统密闭和正压操作

C. 厂房通风　　　　　　　　　　　D. 以不燃溶剂代替可燃溶剂

E. 将禁止一起储存的危险物品分开储存　F. 选用抗爆容器

G. 爆炸卸压　　　　　　　　　　　H. 房间泄压

I. 采用爆炸抑制系统

细说考点

1. 本考点还可能作为考题的题目：

(1) 防火与防爆的根本性措施是 (D)。

(2) 在化工生产作业中，爆炸的压力和火灾的蔓延不仅会使生产设备遭受损失，还会使建筑物破坏，甚至致人死亡。爆炸控制措施主要包括 (ABCDEFGHI)。

2. "用惰性气体取代空气"中的惰性气体主要有氮气、二氧化碳、水蒸气、烟道气等。考生还需要知道需采用惰性介质进行保护的情况有哪些。

3.除了以上内容外,考生还需要知道的一个采分点是禁止一起储存的危险物品具体都有哪些。

考点5 阻火隔爆装置与防爆泄压装置

(题干)阻火隔爆按照作用机理,可分为机械隔爆和化学抑爆两类。下列属于机械阻火隔爆装置的是(ABCDEF)。

A.工业阻火器　　　　　　　　B.主动式隔爆装置
C.被动式隔爆装置　　　　　　D.单向阀
E.阻火阀门　　　　　　　　　F.火星熄灭器
G.化学抑制防爆装置　　　　　H.安全阀
I.爆破片　　　　　　　　　　J.防爆门

细说考点

1.本考点还可能作为考题的题目:
(1)常用于阻止爆炸初期火焰蔓延的机械阻火隔爆装置是(A)。
(2)靠装置某一元件的动作来阻隔火焰,且只在爆炸发生时才起作用的机械阻火隔爆装置是(BC)。
(3)对气体中含有杂质粉尘、易凝物等杂质的输送管道,应选用的阻火隔爆装置是(BC)。
(4)由爆炸波来推动隔爆装置的阀门或闸门来阻隔火焰的机械阻火隔爆装置是(C)。
(5)仅允许液体向一个方向流动,遇到倒流时即自行关闭,从而避免在燃气或燃油系统中发生液体倒流的机械阻火隔爆装置是(D)。
(6)为了阻止火焰沿通风管道或生产管道蔓延而设置的机械阻火装置是(E)。
(7)机动车辆进入存在爆炸性气体的场所,应在尾气排放管上安装(F)。
(8)可用于装有气相氧化剂中可能发生爆燃的气体、油雾或粉尘的任何密闭设备的阻火隔爆装置是(G)。
(9)生产系统内一旦发生爆炸或压力骤增时,可通过防爆泄压装置将超高压力释放出去,以减少巨大压力对设备、系统的破坏或者减少事故损失。防爆泄压装置主要有(HIJ)。
(10)能够防止设备和容器内压力过高而爆炸的防爆泄压装置是(H)。
(11)作为一种断裂型的安全泄压装置,(I)是当设备、容器及系统因某种原因压力超标时即被破坏,使过高的压力泄放出来,以防止设备、容器及系统受到破坏。
(12)对于工作介质为剧毒气体的压力容器,其泄压装置应采用(I),以免污染环境。

(13) 一般设置在使用油、气或燃烧煤粉的燃烧室外壁上，在燃烧室发生爆燃或爆炸时用于泄压的装置是（J）。

2. 单向阀通常会设置在：系统中流体的进口和出口之间；与燃气或燃油管道及设备相连接的辅助管线上；高压与低压系统之间的低压系统上；压缩机与油泵的出口管线上。

考点6　生产性粉尘的理化性质

（题干）粉尘对人体的危害程度与其理化性质有关，与其生物学作用及防尘措施等也有密切关系。粉尘的理化性质表现在（ABCDEFGH）。

A. 化学成分　　　　　　　　　　B. 分散度
C. 溶解度　　　　　　　　　　　D. 密度
E. 形状　　　　　　　　　　　　F. 硬度
G. 荷电性　　　　　　　　　　　H. 爆炸性

细说考点

1. 本考点还可能作为考题的题目：

粉尘的（B）是表示粉尘颗粒大小的一个概念，它与粉尘在空气中呈浮游状态存在的持续时间有密切关系。

2. 对于本采分点考生还需要掌握的知识点有：

(1) 因粉尘的化学性质不同，粉尘对人体有致纤维化（游离二氧化硅粉尘）、中毒、致敏等作用。

(2) 直径小于 5μm 的粉尘对机体的危害性较大。

(3) 主要呈化学毒副作用的粉尘，随溶解度的增加其危害作用增强；主要呈机械刺激作用的粉尘，随溶解度的增加其危害作用减弱。

考点7　生产性粉尘治理的技术措施

（题干）采用工程技术措施消除和降低粉尘危害是预防尘肺的根本措施。下列属于生产性粉尘治理技术措施的是（ABCD）。

A. 改革工艺过程　　　　　　　　B. 湿式作业
C. 密闭、抽风、除尘　　　　　　D. 个体防护

细说考点

1. 本考点还可能作为考题的题目：

(1) 在生产性粉尘治理技术措施中，（A）能使生产过程机械化、密闭化、自动化，从而消除和降低粉尘危害。

(2) 在生产性粉尘治理技术措施中，（B）的特点是防尘效果可靠，易于管理，投资较低。

(3) 对于石材加工企业，在切割石材环节，最有效的粉尘治理措施是（B）。

2.注意生产性粉尘的治理技术措施是有先后顺序的。对于这一采分点可能会这样考核：

采用工程技术措施消除和降低粉尘危害，是防止尘肺发生的根本措施，某石材厂拟采取措施控制粉尘危害，应优先采用的措施顺序是（A）。

A. 改革工艺流程—湿式作业—密闭、抽风、除尘—个体防护
B. 改革工艺流程—密闭、抽风、除尘—个体防护—湿式作业
C. 改革工艺流程—密闭、抽风、除尘—湿式作业—个体防护
D. 改革工艺流程—湿式作业—个体防护—密闭、抽风、除尘

考点8 民用爆破器材的分类

(题干) 民用爆破器材是广泛用于矿山、开山辟路、地质探矿等许多工业领域的重要消耗材料。下列属于民用爆破器材的是（ABCDEFGHIJKLMNOP）。

A. 硝化甘油炸药　　　　　　　　B. 乳化炸药
C. 铵梯炸药　　　　　　　　　　D. 铵油炸药
E. 水胶炸药　　　　　　　　　　F. 起爆器材
G. 油气井用起爆器　　　　　　　H. 复合射孔器
I. 射孔弹　　　　　　　　　　　J. 修井爆破器材
K. 点火药盒　　　　　　　　　　L. 地震勘探用震源药柱
M. 特种爆破用矿岩破碎器材　　　N. 震源弹
O. 平炉出钢口穿孔弹　　　　　　P. 中继起爆具

细说考点

1.本考点还可能作为考题的题目：

(1) 工业炸药包括（ABCDE）。

(2) 专用民爆器材包括（FGHIJKLMNOP）。

2.民用爆破器材除了工业炸药和专用民爆器材外还包括起爆器材。起爆器材分为起爆材料和传爆器材两大类，哪些材料属于起爆材料，哪些属于传爆材料是考生应当知晓的内容。

考点9 民用爆破器材的防爆措施

（题干）爆炸所产生的空气冲击波的峰值超压达到一定值时，会对建（构）筑物、人身及其他有生力量构成一定程度的破坏或损伤。下列属于爆炸冲击波防护措施的是（ABCDEFGHIJKLMNO）。

A. 生产、储存爆炸物品的工厂、仓库应建在远离城市的独立地带
B. 主厂区内应按危险与非危险分开原则，加以区划、布置
C. 主厂区应布置在非危险区的下风侧
D. 在有条件的情况下，总仓库区最好布置在单独的山沟或其他有利地形处
E. 销毁厂应选在山沟、丘陵、河滩等有利的自然地形
F. 危险品生产区、总仓库区、销毁场等区域内的建筑物应留有足够的安全距离，这一距离被称为内部安全距离
G. 危险品生产区、总仓库区、销毁场等与该区域外的村庄、居民建筑、输电线路等必须保持足够的安全防护距离，这一距离被称作外部安全距离
H. 在生产工艺流程中，需区分开危险生产工序与非危险生产工序，且宜分别设置厂房
I. 危险品生产厂房和库房在平面上宜布置成简单的矩形
J. 有泄爆要求的工艺设备，在布置时应使其泄爆方向不直接对着其他建筑物或主要道路
K. 炸药、起爆药、击发药、火工品的储存场所，不应安装电气设备
L. 烟火药、黑火药的Ⅰ类危险场所应选择适应本场所的本质安全型仪表
M. 起爆药、击发药、火工品制造的场所，电气设备表面温度不得超过允许表面温度
N. 理化分析成品试验站，应选用密封型、防水防尘型设备
O. 在烟火药和火炸药生产工房，需广泛采用自动快速灭火装置
P. 可能引起燃烧事故的机械化作业，应根据危险程度设置自动报警、自动停机、自动卸爆、应急等安全措施
Q. 所有与危险品接触的设备、器具、仪表应相容
R. 在生产、储存、运输时，不允许使用明火
S. 生产、储存工房均应设置避雷设施，所有建筑物都必须在避雷针的保护范围内
T. 生产用设备在停工检修时如需要电焊，除采用相应的安全措施外，还要采取消除杂散电流的措施

细说考点

1. 本考点还可能作为考题的题目：
预防燃烧爆炸事故的主要措施包括（PQRST）。
2. 重点记忆C选项中的"下风侧"、D选项中的"单独的山沟"以及L选项中的"本质安全型"，这些地方可能会以单项选择题的形式进行考核。
3. 注意区分内部安全距离及外部安全距离的概念。

4. 如果以单项选择题的形式单独对 I 选项进行考核的话，可能会在"简单的矩形"这里考核，错误选项可能会设置为：复杂的凹形或 L 形。

考点 10　烟花爆竹的性质

（题干）烟花爆竹的组成决定了它具有燃烧和爆炸的性质。燃烧是可燃物质发生强烈的氧化还原反应，同时发出热和光的现象。其主要特性有（ABCDE）。

A. 能量特征　　　　　　　　　　　B. 燃烧特性
C. 力学特性　　　　　　　　　　　D. 安定性
E. 安全性

细说考点

1. 本考点还可能作为考题的题目：

（1）燃烧特性中的（A）是标志火药做功能力的参量，一般是指 1kg 火药燃烧时气体产物所做的功。

（2）燃烧特性中的（B）是标志火药能量释放的能力，主要取决于火药的燃烧速率和燃烧表面积。

（3）燃烧特性中的（C）是指火药要具有相应的强度，满足在高温下保持不变形、低温下不变脆，能承受在使用和处理时可能出现的各种力的作用，以保证稳定燃烧。

（4）为改善火药的（D），可在火药中加入少量的二苯胺。

2. 以上题目均考查的是烟花爆竹的燃烧特性，而另一个特性（爆炸性）则不需要掌握。

考点 11　烟花爆竹、烟火药安全生产的措施

（题干）在烟花爆竹生产过程中，为实现安全生产，必须采取的安全措施有（ABCDEFGHIJKL）。

A. 按照"少量、多次、勤运走"的原则限量领药

B. 装、筑药应在单独工房操作

C. 装、筑不含高感度烟火药时，每间工房定员 2 人

D. 装、筑高感度烟火药时，每间工房定员 1 人

E. 装、筑药工具应采用木、铜、铝制品或不产生火花的材质制品

F. 工作台上等冲击部位必须垫上接地导电橡胶板

G. 钻孔与切割有药半成品时，应在专用工房内进行，每间工房定员 2 人

H. 贴筒标和封口时，操作间主通道宽度不得小于 1.2m

I.手工生产硫酸盐引火线时,应在单独工房内进行

J.机器生产硝酸盐引火线时,每间工房不得超过两台机组,工房内药物停滞量不得超过2.5kg

K.生产氯酸盐引火线时,无论手工或机器生产,都限于单独工房、单机、单人操作,药物限量0.5kg

L.干燥烟火爆竹时,可采用日光、热风散热器、蒸气干燥,也可用红外线、远红外线烘烤

M.烟火药原材料粉碎应在单独工房进行,粉碎前后应筛掉机械杂质,筛选时不得采用铁质、塑料等产生火花和静电的工具

N.黑火药原料的粉碎,应将硫磺和木炭两种原料混合粉碎

O.粉碎和筛选原料时应坚持做到三固定、四不准

P.压药与造粒工房要做到定机定员,药物升温不得超过20℃

> **细说考点**
>
> 1.本考点还可能作为考题的题目:
> 烟火药制造过程中的防火防爆措施主要有(MNOP)。
> 2.如果要将C、D选项设置为错误选项的话,可能会将数字部分改错。E选项中的"木、铜、铝"是考生应重点记忆的关键字,如果单独对这一选项进行考核的话,可能会将"铁"作为干扰项。如果单独对L选项中的"采用日光、热风散热器、蒸气干燥,也可用红外线、远红外线烘烤"进行考核的话,可能会将"采用明火干燥"作为干扰选项。
> 3.O选项中的"三固定"指的是<u>固定工房、固定设备、固定最大粉碎药量</u>;"四不准"指的是<u>不准混用工房、不准混用设备和工具、不准超量投料、不准在工房内存放粉碎好的药物</u>。

专题三 特种设备安全技术

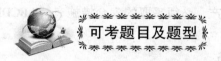

考点1 特种设备的安全管理

(题干)锅炉压力容器使用安全管理措施包括(**ABCDEFGHI**)。

A.使用许可厂家的合格产品   B.登记建档
C.专责管理   D.建立制度
E.持证上岗   F.照章运行

G. 定期检验 H. 监控水质
I. 报告事故 J. 安全管理制度
K. 技术档案 L. 作业人员
M. 使用单位的自检、日检、月检和年检

> **细说考点**
>
> 1. 本考点还可能作为考题的题目：
> (1) 起重机械使用安全管理措施包括（ABGJKLM）。
> (2) 场（厂）内专用机动车辆使用安全管理措施包括（ABGJKLM）。
> 2. 关于"使用许可厂家的合格产品"主要注意两点：一是"许可厂家"即制造单位必须具备保证产品质量所必需的加工设备、技术力量、检验手段和管理水平，并<u>取得特种设备制造许可证</u>；二是"合格产品"即购置、选用的产品应有齐全的技术文件、产品质量合格证明书、监督检验证书和产品竣工图。
> 3. "登记建档的部门"应当是当地特种设备安全监察机构。
> 4. 起重机械使用单位的日检、月检和年检内容是考生还需要掌握的一个采分点，现将有关内容整理于下表：
>
> | 检验项目 | 检验内容 |
> | --- | --- |
> | 每日检查 | (1) 各类安全装置、制动器、操纵控制装置、紧急报警装置。
(2) 轨道的安全状况。
(3) 钢丝绳的安全状况 |
> | 每月检查 | (1) <u>安全装置、制动器、离合器等有无异常，可靠性和精度</u>。
(2) 重要零部件的状态，<u>有无损伤，是否应报废</u>等。
(3) <u>电气、液压系统及其部件的泄漏情况及工作性能</u>。
(4) 动力系统和控制器等 |
> | 年度检查 | (1) 所有在用的起重机械。
(2) 停用1年以上、遇4级以上地震或发生重大设备事故、露天作业的起重机械。
(3) 经受9级以上风力后的起重机械 |

考点2　起重机械安全装置

(题干) 起重机械的位置限制装置是用来限制机构在一定空间范围内运行的安全防护装置。下列装置中，属于位置限制与调整装置的是（ABCD）。

A. 上升极限位置限制器　　　　　B. 运行极限位置限制器
C. 偏斜调整和显示装置　　　　　D. 缓冲器
E. 夹轨器　　　　　　　　　　　F. 锚定装置
G. 铁鞋　　　　　　　　　　　　H. 安全钩

77

I. 防后倾装置　　　　　　　　J. 回转锁定装置
K. 起重量限制器　　　　　　　L. 防坠安全器
M. 防碰装置　　　　　　　　　N. 登机信号按钮

> **细说考点**
>
> 本考点还可能作为考题的题目:
> (1) 凡是动力驱动的起重机,其起升机构均应装设(A)。
> (2) 跨度等于或超过40m的装卸桥和门式起重机,应装设(C)。
> (3) 桥式、门式起重机和装卸桥以及门座起重机或升降机等都要装设(D)。
> (4) 起重机防风防爬装置包括(EFG)。
> (5) 单主梁起重机应安装(H)。
> (6) 用柔性钢丝绳牵引吊臂进行变幅的起重机,当遇到突然卸载等情况时,会产生使吊臂后倾的力,从而造成吊臂超过最小幅度,发生吊臂后倾的事故。因此,这类起重机应安装(I)。
> (7) 臂架起重机处于运输、行驶或非工作状态时,锁住回转部分使之不能转动的装置被称为(J)。
> (8) 用来限制起重机的起升机构起吊起重量的安全防护装置是(K)。
> (9) 用于施工升降机等起重设备上,主要作用是限制吊笼的运行速度,防止吊笼坠落,保证人员设备安全的安全防护装置是(L)。
> (10) 同层多台起重机同时作业情况比较普遍,也存在两层、甚至三层起重机同时作业的情况。能保证起重机交叉作业安全的是(M)。
> (11) 对于驾驶员室设置在运动部分的起重机,应在起重机上容易触及的安全位置安装(N)。

考点3　起重机驾驶员安全操作技术

(题干)下列关于起重机驾驶员安全操作技术的说法中,正确的是(ABCDEFGHI JKLMNOP)。

A. 开机作业前,经确认处于安全状态方可开机
B. 起重机与其他设备或固定建筑物的最小距离应在0.5m以上
C. 开车前,必须鸣铃或示警
D. 操作中接近人时,应给断续铃声或示警
E. 不得利用极限位置限制器停车
F. 不得利用打反车进行制动
G. 不得在起重作业过程中进行检查和维修
H. 不得带载调整起升、变幅机构的制动器
I. 吊物不得从人头顶上通过,吊物和起重臂下不得站人

J. 严格按指挥信号操作，对紧急停止信号，无论何人发出，都必须立即执行

K. 吊载接近或达到额定值，或起吊危险器时，吊运前应用小高度、短行程试吊，确认没有问题后再吊运

L. 工作中突然断电时，应将所有控制器置零，关闭总电源

M. 断电重新工作前，应先检查起重机工作是否正常，确认安全后方可正常操作

N. 有主、副两套起升机构的，不允许同时利用主、副钩工作

O. 用两台起重机吊运同一重物时，每台起重机都不得超载

P. 用多台起重机吊运同一重物时，吊运过程应保持钢丝绳垂直，保持运行同步

Q. 用多台起重机吊运同一重物时，有关负责人员和安全技术人员应在场指导

R. 露天作业的轨道起重机，当风力大于6级时，应停止作业

细说考点

1. 注意 K 选项中的"小高度、短行程"等关键字，这里很可能会以单项选择题的形式进行考核，并可能这样设置错误选项："小高度、长行程""大高度、短行程""大高度、长行程"。

2. L、M 选项是起重机操作中遇突然停电时驾驶员的正确处置措施。考生需要注意的是这一处置措施是有先后顺序的。下面来看一道例题：

起重机操作中遇突然停电，驾驶员的处置措施包括：①把所有控制器手柄放置零位；②拉下保护箱闸刀开关；③若短时间停电，驾驶员可在驾控室耐心等候；若长时间停电，应撬起起升机制动器，放下载荷；④关闭总电源。处置起重机突然停电故障的正确操作顺序是（A）。

A. ①—②—④—③ B. ①—④—③—②
C. ②—③—④—① D. ③—②—①—④

3. 如果将选项 P 设置为错误选项的话，可能会将"垂直"改错为"倾斜"。

4. 如果将选项 Q 设置为错误选项的话，可能会这样设置：用多台起重机吊运同一重物时，除起重机驾驶员和司索工外，其他人员均不得在场。

考点4 司索工安全操作技术

(题干) 下列关于司索工安全操作技术的说法中，正确的是（ABCDEFGHIJKLMNOP）。

A. 对吊物的质量和重心估计要准确，如果是目测估算，应增大20%来选择吊具

B. 旧吊索应根据情况降级使用

C. 捆绑吊物需清除吊物表面或空腔内的杂物，将可移动的零件锁紧或捆牢

D. 形状或尺寸不同的物品不经特殊捆绑不得混吊

E. 吊物捆扎部位的毛刺要打磨平滑，尖棱利角应加垫物

F. 表面光滑的吊物应采取措施来防止起吊后吊索滑动或吊物滑脱

G. 吊运大而重的物体应加诱导绳

H. 吊钩要位于被吊物重心的正上方，不准斜拉吊钩硬挂

I. 吊物高大需要垫物攀高挂钩、摘钩时，脚踏物一定要稳固垫实

J. 攀高必须佩戴安全带，防止人员坠落跌伤

K. 挂钩要坚持"五不挂"

L. 当多人吊挂同一吊物时，应由一人专门负责指挥

M. 卸载不要挤压电气线路和其他管线，不要阻塞通道

N. 针对不同吊物种类应采取不同措施加以支撑、垫稳、归类摆放

O. 摘钩时应等所有吊索完全松弛再进行，确认所有绳索从钩上卸下再起钩，不允许抖绳摘索，更不许利用起重机抽索

P. 在作业进行的整个过程中，指挥者和司索工都不得擅离职守

细说考点

1. 如果将 D 选项设置为错误选项的话，可能会这样设置：形状或尺寸不同的物品不得混吊。

2. K 选项中的"五不挂"指的是：起重或吊物质量不明不挂；重心位置不清楚不挂；尖棱利角和易滑工件无衬垫物不挂；吊具及配套工具不合格或报废不挂；包装松散捆绑不良不挂。

考点5　锅炉使用中的监督调节

(题干) 锅炉正常运行中对锅炉水位进行监督调节时，运行人员应当 (ABCD)。

A. 不间断地通过水位表监督锅内的水位

B. 使锅炉水位经常保持在正常水位线处，并允许在正常水位线上下50mm内波动

C. 保证锅炉在低负荷运行时的水位稍高于正常水位

D. 保证锅炉在高负荷运行时的水位稍低于正常水位

E. 根据负荷变化，相应增减锅炉的燃料量、风量、给水量来改变锅炉蒸发量

F. 使燃料燃烧供热适应负荷的要求，维持气压稳定

G. 使燃烧完好正常，尽量减少未完全燃烧损失，减轻金属腐蚀和大气污染

H. 对负压燃烧锅炉，维持引风和鼓风的均衡，保持炉膛一定的负压

细说考点

1. 本考点还可能作为考题的题目：

(1) 锅炉正常运行中对锅炉气压进行监督调节时，运行人员应当 (E)。

(2) 锅炉正常运行中对燃烧进行监督调节时，运行人员应当 (FGH)。

2. 锅炉正常运行中的监督调节除了上述题目所提到的锅炉水位的监督调节、气压的监督调节以及燃烧的监督调节外，还包括气温的调节以及排污、吹灰。

考点 6　锅炉的正常停炉

(题干) 正常停炉是预先计划内的停炉。下列关于锅炉正常停炉的说法中，正确的是 (ABCDEFGH)。

A. 停炉中应注意的主要问题是防止降压降温过快

B. 锅炉正常停炉的次序应该是先停止燃料供应，随之停止送风，再减少引风

C. 锅炉正常停炉，在减少引风的同时应逐渐降低锅炉负荷，相应地减少锅炉上水

D. 对于燃气、燃油锅炉，炉膛停火后，引风机至少要继续引风5min以上

E. 停炉时应打开省煤器旁通烟道，关闭省煤器烟道挡板

F. 对无旁通烟道的可分式省煤器，应密切监视其出口水温，并连续经省煤器上水、放水至水箱中

G. 在正常停炉的4~6h内，应紧闭炉门和烟道挡板

H. 停炉18~24h，在锅水温度降至70℃以下时，方可全部放水

> **细说考点**
> 1. 重点记忆D、G、H选项中的数字部分，这里可能会以单项选择题的形式进行考核。
> 2. 如果将D选项设置为错误选项的话，可能会将其中的"引风机至少要继续引风5min以上"改错为"引风机应立即停止引风"。
> 3. 如果将F选项设置为错误选项的话，可能会将其中的"并连续经省煤器上水、放水至水箱中"改错为"并停止省煤器上水"。

考点 7　锅炉的紧急停炉

(题干) 锅炉遇有 (ABCDEFGH) 情况之一者，应紧急停炉。

A. 水位低于水位表的下部可见边缘

B. 向锅炉不断加大进水及采取其他措施，但水位仍继续下降

C. 水位超过最高可见水位，经放水仍不能见到水位

D. 给水泵全部失效或给水系统故障，不能向锅炉进水

E. 水位表或安全阀全部失效

F. 设置在汽空间的压力表全部失效

G. 元件损坏，危及操作人员安全

H. 燃烧设备损坏、炉墙倒塌或锅炉构件被烧红，严重威胁锅炉安全运行

> **细说考点**
> 1. 注意：紧急停炉是为防止事故扩大，不得不采用的非常规停炉方式，有缺陷的

锅炉应尽量避免紧急停炉。

2.考生除了要掌握紧急停炉的适用情形外，还应当知道紧急停炉的操作次序。在记忆这一采分点的时候可与锅炉正常停炉的次序相对比。

紧急停炉的操作次序是：立即停止添加燃料和送风，减弱引风；与此同时，设法熄灭炉膛内的燃料；灭火后立即把炉门、灰门及烟道挡板打开；锅内可以较快降压并更换锅水，锅水冷却至70℃左右允许排水。

考点8　压力容器运行期间的检查

(题干)对运行中的压力容器进行检查，主要包括工艺条件、设备状况以及安全装置等方面。在工艺条件方面，主要检查（AB）。

A.操作压力、操作温度、液位是否在安全操作规程规定的范围内

B.容器工作介质的化学组成成分是否符合要求

C.各连接部位有无泄漏、渗漏现象

D.容器的部件和附件有无塑性变形、腐蚀以及其他缺陷或可疑迹象

E.容器及其连接道有无振动、磨损等现象

F.与安全有关的计量器具是否保持完好状态

细说考点

1.本考点还可能作为考题的题目：

(1)对运行中的压力容器进行检查，主要包括工艺条件、设备状况以及安全装置等方面。在设备状况方面，主要检查（CDE）。

(2)对运行中的压力容器进行检查，主要包括工艺条件、设备状况以及安全装置等方面。在安全装置方面，主要检查（F）。

2.本考点的考核难度不大，重点是避免将三类检查内容记混。

考点9　压力容器的紧急停运

(题干)压力容器在运行中出现（ABCDEF）情况时，应立即停止运行。

A.容器的操作压力超过安全操作规程规定的极限值，而且采取措施仍无法控制，并有继续恶化的趋势

B.容器的壁温超过安全操作规程规定的极限值，而且采取措施仍无法控制，并有继续恶化的趋势

C.容器的承压部件出现裂纹、鼓包变形、焊缝或可拆连接处泄漏等危及容器安全的迹象

D.安全装置全部失效，连接管件断裂，紧固件损坏等，难以保证安全操作

E. 操作岗位发生火灾，威胁到容器的安全操作

F. 高压容器的信号孔或警报孔泄漏

> **细说考点**
>
> 1. 注意 A、B 选项中的"超过"二字，如果将这两个选项改错的话可能会将这两个字改为"即将达到"或"达到"。
> 2. 重点记忆 C 选项中的"承压部件""可拆连接处泄漏"等关键字。
> 3. 压力容器的紧急停止情况可与锅炉紧急停炉情况对比记忆，避免混淆。

考点 10　锅炉安全附件及其使用要求

(题干) 锅炉安全附件主要包括（ABCDEFGHIJK）。

A. 安全阀　　　　　　　　　　　B. 压力表
C. 水位计　　　　　　　　　　　D. 温度测量装置
E. 超温报警和联锁保护装置　　　F. 高低水位警报和低水位联锁保护装置
G. 超压报警装置　　　　　　　　H. 锅炉熄火保护装置
I. 排污阀或放水装置　　　　　　J. 防爆门
K. 自动控制装置

> **细说考点**
>
> 1. 本考点还可能作为考题的题目：
> (1) 作为锅炉上的重要安全附件之一，（A）对锅炉内部压力极限值的控制及对锅炉的安全保护起着重要的作用。
> (2) 每台锅炉至少应装两只独立的（C），额定蒸发量小于等于 0.2t/h 的锅炉可只装一只。
> (3) 在锅炉安全附件中，（C）应设置放水管并接至安全地点。
> (4) 为了掌握锅炉的运行状况，确保锅炉的安全、经济运行，在锅炉热力系统中，锅炉的给水、蒸汽、烟气等介质均需依靠（D）进行测量监视。
> (5) 下列锅炉安全附件中属于保护装置的是（EFGH）。
> (6) 在锅炉安全附件中，（I）的作用是排放锅水蒸发而残留下的水垢、泥渣及其他有害物质，将锅水的水质控制在允许的范围内，使受热面保持清洁，以确保锅炉的安全、经济运行。
> (7) 为防止炉膛和尾部烟道再次燃烧造成破坏，常在炉膛和烟道易爆处装设置（J）。
> (8) 在锅炉上安装（K）能够达到监视、控制、调节生产的目的，使锅炉在最安全、经济的条件下运行。

2.除以上采分点外考生还应掌握安全阀的检验与试验周期。安全阀应每年检验、定压一次并铅封完好；每月自动排放试验一次；每周手动排放试验一次。

3.压力表的使用要求同样是需要考生掌握的重要采分点，应重点记忆以下知识点：

(1) 量程范围应是工作压力的1.5~3倍；

(2) 表盘直径不应小于100mm；

(3) 压力表装置应每半年对其校验一次。

考点11 压力容器安全附件及其使用要求

（题干）压力容器安全附件主要包括（ABCDEFGHIJ）。

A.安全阀　　　　　　　　　　B.爆破片
C.安全阀与爆破片装置的组合　　D.爆破帽
E.易熔塞　　　　　　　　　　F.紧急切断阀
G.减压阀　　　　　　　　　　H.压力表
I.液位计　　　　　　　　　　J.温度计

细说考点

1.本考点还可能作为考题的题目：

(1) 在压力容器的安全附件中，(A) 依靠介质自身的压力排出一定数量的流体介质，以防止容器或系统内的压力超过预定的安全值。

(2) 作为一种断裂型安全泄放装置，具有结构简单、泄压反应快、密封性能好、适应性强等特点的压力容器安全附件是 (B)。

(3) 在压力容器的安全附件中，(D) 多用于超高压容器，且一般均选用热处理性能稳定，随温度变化较小的高强度材料制造。

(4) 某压力容器的安全附件属于"熔化型"安全泄放装置，它的动作取决于容器壁的温度，主要用于中、低压的小型压力容器，在盛装液化气体的钢瓶中应用更为广泛。这一安全附件是 (E)。

(5) 在压力容器的安全附件中，(F) 是一种特殊结构和特殊用途的阀门，它通常与截止阀串联安装在紧靠容器的介质出口管道上。

(6) 在压力容器的安全附件中，(F) 具有过流闭止及超温闭止的性能，并能在近程和远程独立进行操作。

(7) 在压力容器的安全附件中，(G) 工作原理是利用膜片、弹簧、活塞等敏感元件改变阀瓣与阀座之间的间隙，在介质通过时产生节流，因而压力下降而使其减压。

(8) 在压力容器的安全附件中,(I) 是用来观察和测量容器内液体位置变化情况的仪表,特别是对于盛装液化气体的容器,这是一个必不可少的安全装置。

2. 除了以上内容外,考生还应当掌握安全阀故障的种类。安全阀的主要故障包括:泄漏;到规定压力时不开启;不到规定压力时开启;排气后压力继续上升;排放泄压后阀瓣不回座。

3. 安全阀与爆破片装置并联组合时:
(1) 爆破片的标定爆破压力<u>不得超过</u>容器的设计压力;
(2) 安全阀的开启压力<u>略低于</u>爆破片的标定爆破压力。

4. 掌握当安全阀进口和容器之间串联安装爆破片装置应满足的条件以及当安全阀出口侧串联安装爆破片装置时应满足的条件。考生在记忆时应重点关注二者的相似项,避免混淆。

考点 12 锅炉爆炸事故及预防

(题干) 锅炉爆炸事故可分为(ABCD)。
A. 水蒸气爆炸　　　　　　　　B. 超压爆炸
C. 缺陷导致爆炸　　　　　　　D. 严重缺水导致爆炸

细说考点

本考点还可能作为考题的题目:
(1) 由于安全阀、压力表不齐全、损坏或装设错误,致使锅炉主要承压部件筒体、封头、管板、炉胆等承受的压力超过其承载能力而造成的锅炉爆炸被称为(B)。
(2) 预防(BD)的主要措施是加强运行管理。
(3) 某锅炉承受的压力并未超过额定压力,但因锅炉主要承压部件出现裂纹、严重变形、腐蚀、组织变化等情况,导致主要承压部件丧失承载能力,突然大面积破裂爆炸。这一锅炉爆炸被称为(C)。
(4) 预防(C),除加强锅炉的设计、制造、安装、运行中的质量控制和安全监察外,还应加强锅炉检验。

考点 13 其他典型锅炉事故及事故的控制措施

(题干) 当锅炉水位低于水位表最低安全水位刻度线时,即形成了锅炉缺水事故。常见的锅炉缺水事故原因包括(ABCDEF)。
A. 运行人员疏忽大意,对水位监视不严
B. 水位表故障造成假水位,而操作人员未及时发现

C. 水位报警器或给水自动调节器失灵而又未及时发现

D. 给水设备或给水管路故障，无法给水或水量不足

E. 操作人员排污后忘记关排污阀或排污阀泄漏

F. 水冷壁、对流管束或省煤器管子爆破漏水

G. 锅水品质太差

H. 负荷增加和压力降低过快

I. 水质不良、严重缺水、管子结垢并超温爆破

J. 水循环故障

K. 制造、运输、安装中管内落入异物

L. 管路缺陷或焊接缺陷在运行中发展扩大

M. 运行或停炉的管壁因腐蚀而减薄

N. 管子膨胀受阻碍，由于热应力造成裂纹

O. 吹灰不当造成管壁减薄

P. 烟速过高或烟气含灰量过大，飞灰磨损严重

Q. 给水品质不符合要求

R. 管道阀门关闭或开启过快

S. 煤的灰渣熔点低，燃烧设备设计不合理，运行操作不当

细说考点

1. 本考点还可能作为考题的题目：

（1）锅炉水位高于水位表最高安全水位刻度线的现象，称为锅炉满水。常见的锅炉满水事故原因包括（ABC）。

（2）锅炉蒸发表面（水面）汽水共同升起，产生大量泡沫并上下波动翻腾的现象，叫汽水共腾。形成汽水共腾的原因包括（GH）。

（3）锅炉爆管指锅炉蒸发受热面管子在运行中爆破，包括水冷壁、对流管束管子爆破及烟管爆破。锅炉爆管的原因主要包括（IJKLMNO）。

（4）省煤器损坏指由于省煤器管子破裂或省煤器其他零件损坏所造成的事故。省煤器损坏的原因主要包括（PQ）。

（5）水在管道中流动时，因速度突然变化导致压力突然变化，形成压力波并在管道中传播的现象，叫水击。给水管道水击事故的原因是（R）。

（6）锅炉结渣，指灰渣在高温下粘结于受热面、炉墙、炉排之上并越积越多的现象。锅炉结渣的原因主要是（S）。

2. 注意：锅炉满水事故的原因与缺水事故的原因有完全一致的内容。锅炉缺水或满水时水位表内均看不到水位，但锅炉缺水时表内发白发亮而锅炉满水时表内发暗，这是两者的重要区别。

3. 考生除了要掌握常见锅炉事故的原因外，还要掌握针对各种事故的控制措施。

事故类型	预防、控制措施
锅炉缺水	首先利用"叫水"的方法判断锅炉缺水程度。当锅炉轻微缺水时，可立即向锅炉上水，使水位恢复正常。当锅炉严重缺水时，必须紧急停炉
锅炉满水	立即关闭给水阀停止向锅炉上水，启用省煤器再循环管路，减弱燃烧，开启排污阀及过热器、蒸汽管道上的疏水阀，待水位恢复正常后，关闭排污阀及各疏水阀；查清事故原因并予以消除，恢复正常运行
汽水共腾	减弱燃烧力度，降低负荷，关小主汽阀；加强蒸汽管道和过热器的疏水；全开连续排污阀，并打开定期排污阀放水，同时上水
锅炉结渣	（1）在设计上要控制炉膛燃烧热负荷，在炉膛中布置足够的受热面，控制炉膛出口温度，使之不超过灰渣变形温度；合理设计炉膛形状，正确设置燃烧器，在燃烧器结构性能设计中充分考虑结渣问题；控制水冷壁间距不要太大，而要把炉膛出口处受热面管间距拉开；炉排两侧装设防焦集箱等。 （2）在运行上要避免超负荷运行；控制火焰中心位置，避免火焰偏斜和火焰冲墙；合理控制过量空气系数和减少漏风。 （3）对沸腾炉和层燃炉，要控制送煤量，均匀送煤，及时调整燃料层和煤层厚度。 （4）发现结渣要及时清除

考点 14　压力容器事故的应急措施

（题干） 下列属于压力容器事故应急措施的是（ABCDEF）。

A. 压力容器发生超压超温时要马上切断进汽阀门

B. 停止进料，对于无毒非易燃介质要打开放空管排汽

C. 停止进料，对于有毒易燃易爆介质要打开放空管，将介质通过接管排至安全地点

D. 压力容器发生泄漏时，马上切断进料阀门及泄漏处前端阀门

E. 压力容器本体泄漏或第一道阀门泄漏时，要根据容器、介质不同，使用专用堵漏技术和堵漏工具进行堵漏

F. 易燃易爆介质泄漏时，要对周边明火进行控制，切断电源，严禁一切用电设备运行

细说考点

1. 如果将 A 选项设置为错误选项的话，可能会将"切断"改错为"打开"。

2. 如果将 B 选项设置为错误选项的话，可能会将"停止进料"改错为"减少进料"；将"打开"改错为"切断"。

3. 如果将 C 选项设置为错误选项的话，可能会将"将介质通过接管排至安全地点"改错为"将介质就地排空"。

考点 15　起重机械重物失落事故

（题干）起重机械重物失落事故是指起重作业中，吊载、吊具等重物从空中坠落所造成的人身伤亡和设备毁坏的事故。常见的失落事故包括脱绳事故、脱钩事故、断绳事故以及吊钩断裂事故。造成脱绳事故的主要原因有（ABC）。

A.重物的捆绑方法与要领不当

B.吊装重心选择不当

C.吊载遭到碰撞、冲击而摇摆不定

D.吊钩缺少护钩装置

E.吊装方法不当，吊钩钩口变形引起开口过大

F.护钩保护装置机能失效

G.起升限位开关失灵

H.钢丝绳因长期使用又缺乏维护保养，造成疲劳变形、磨损损伤

I.斜吊、斜拉造成乱绳挤伤切断钢丝绳

J.达到或超过报废标准仍然使用

K.吊钩上吊装绳夹角大于120°，使吊装绳上的拉力超过极限值

L.吊装绳与重物之间接触处无垫片等保护措施

M.吊钩长期磨损，使断面减小

> **细说考点**
>
> 1.本考点还可能作为考题的题目：
>
> （1）脱钩事故是指重物、吊装绳或专用吊具从吊钩口脱出而引起的重物失落事故。造成脱钩事故的主要原因有（DEF）。
>
> （2）断绳事故是指起升绳和吊装绳因破断造成的重物失落事故。造成起升绳破断的主要原因有（GHIJ）。
>
> （3）断绳事故是指起升绳和吊装绳因破断造成的重物失落事故。造成吊装绳破断的主要原因有（JKL）。
>
> （4）吊钩断裂事故是指吊钩断裂造成的重物失落事故。造成吊钩断裂事故的原因有（JM）。
>
> 2.除了考核起重机械重物失落事故的产生原因外还可能会考核失落事故的分类，题目可能会这样设置：常见的起重机械重物失落事故包括（脱绳事故、脱钩事故、断绳事故、吊钩断裂事故）。

考点 16　起重机械机体毁坏事故

（题干）起重机械机体毁坏事故是指起重机因超载失稳等产生结构断裂、倾翻造成结构

严重损坏及人身伤亡的事故。常见机体毁坏事故包括断臂事故、倾翻事故、机体摔伤事故以及相互撞毁事故。下列属于断臂事故发生原因的是（**A**）。

A. 悬臂设计不合理、制造装配有缺陷

B. 起重机作业前支承不当

C. 起重机支腿未能全部伸出

D. 起重机限制器或起重力矩限制器等安全装置动作失灵

E. 悬臂伸长与规定起重量不符

F. 无防风夹轨器

G. 无车轮止垫或无固定锚链

H. 在同一跨中的多台桥式类型起重机相互之间无缓冲碰撞保护措施

细说考点

1. 本考点还可能作为考题的题目：

（1）倾翻事故是自行式起重机的常见事故。下列情形中，容易造成自行式起重机倾翻事故的是（**BCDE**）。

（2）起重机机体摔伤事故的发生原因可能会是（**FG**）。

（3）起重机机体相互撞毁事故的发生原因可能会是（**H**）。

2. 除了考核起重机械机体毁坏事故的产生原因外，还可能考核机体毁坏事故的分类，题目可能会这样设置：常见的起重机械机体毁坏事故包括（**断臂事故、倾翻事故、机体摔伤事故、相互撞毁事故**）。

考点17　起重机械事故的预防措施

（题干）下列关于起重机械事故预防措施的说法中，正确的是（**ABCDEFGHIJKLM**）。

A. 加强对起重机械的管理，使起重机械始终处于良好的工作状态

B. 加强对起重机械操作人员的教育和培训

C. 严格执行安全操作规程，提高操作技术能力和处理紧急情况的能力

D. 起重机械操作过程中指挥信号不明或乱指挥不吊

E. 起重机械操作过程中物体质量不清或超负荷不吊

F. 起重机械操作过程中斜拉物体不吊

G. 起重机械操作过程中重物上站人或有浮置物不吊

H. 起重机械操作过程中工作场地昏暗，无法看清场地、被吊物及指挥信号不吊

I. 起重机械操作过程中遇有拉力不清的埋置物时不吊

J. 起重机械操作过程中工件捆绑、吊挂不牢不吊

K. 起重机械操作过程中重物棱角处与吊绳之间未加衬垫不吊

L. 起重机械操作过程中结构或零部件有影响安全工作的缺陷或损伤时不吊

M. 起重机械操作过程中钢（铁）水装得过满不吊

> **细说考点**
>
> D~M 选项即起重机械操作过程中应坚持的"十不吊"原则，这里可能会单独以多项选择题的形式考核，考生应重点记忆。

专题四　危险化学品安全技术

可考题目及题型

考点1　危险化学品的主要危险特性

（题干）危险化学品的主要危险特性包括（ABCDE）。
A. 燃烧性
B. 爆炸性
C. 毒害性
D. 腐蚀性
E. 放射性

> **细说考点**
>
> 本考点还可能作为考题的题目：
> （1）许多危险化学品可通过一种或多种途径进入人体和动物体内，当其在人体累积到一定量时，便会扰乱或破坏肌体的正常生理功能，引起暂时性或持久性的病理改变，甚至危及生命。这种特性称为危险化学品的（C）。
> （2）某硫酸厂生产过程中三氧化硫管线上的视镜超压破裂，气态三氧化硫泄漏，现场2人被灼伤。三氧化硫致人伤害，体现了危险化学品的（D）。
> （3）人体吸入或经皮肤吸收苯、甲苯等苯系物质可引起刺激或灼伤。苯、甲苯的这种特性称为危险化学品的（D）。

考点2　危险化学品运输安全技术与要求

（题干）危险化学品运输过程中事故多发。不同种类危险化学品对运输工具、运输方法有不同要求。下列各种危险化学品的运输方法中，正确的是（ABCDEFGHIJKLMNO）。
A. 国家对危险化学品的运输实行资质认定制度，未经资质认定，不得运输危险化学品
B. 托运危险物品必须出示有关证明
C. 危险物品的装卸人员，装卸时必须轻装轻卸，严禁摔拖、重压和摩擦，不得损毁包装容器
D. 危险物品装卸前，应对车（船）搬运工具进行必要的通风和清扫，不得留有残渣

E. 禁忌物料不得混运

F. 禁止用电瓶车、翻斗车、铲车、自行车等运输爆炸物品

G. 禁止用叉车、铲车、翻斗车搬运易燃、易爆液化气体等危险物品

H. 放射性物品应用专用运输搬运车和抬架搬运，装卸机械应按规定负荷降低25%的装卸量

I. 运输爆炸、剧毒和放射性物品，应指派专人押运，押运人员不得少于2人

J. 运输危险物品的行车路线，必须事先经当地公安交通部门批准

K. 运输易燃、易爆物品的机动车，其排气管应装阻火器

L. 禁止利用内河以及其他封闭水域运输剧毒化学品

M. 通过公路运输剧毒化学品的，托运人应当向目的地的县级人民政府公安部门申请办理剧毒化学品公路运输通行证

N. 运输危险化学品需要添加抑制剂或者稳定剂的，托运人交付托运时应当添加抑制剂或者稳定剂，并告知承运人

O. 危险化学品的驾驶员、装卸管理人员、押运人员必须经所在地设区的市级人民政府交通部门考核合格

> **细说考点**
>
> 1. 重点记忆 F、G 选项中的"电瓶车、翻斗车、铲车、自行车、叉车"等关键字，以上车辆均是被禁止使用的。
>
> 2. 重点记忆 H、I 选项中的数字部分，可能会以单项选择题的形式单独考核。
>
> 3. J 选项重点记忆"当地公安交通部门"；M 选项重点记忆"目的地的县级人民政府公安部门"；O 选项重点记忆"所在地设区的市级人民政府交通部门"。在单独考核其中某一项时可能会将其他两项作为干扰项。

考点3 危险化学品储存的基本要求

（题干）根据《常用化学危险品贮存通则》GB 15603—1995 的规定，储存危险化学品的基本要求是（ABCDEFGHIJKL）。

A. 危险化学品必须储存在经公安部门批准设置的专门的危险化学品仓库中

B. 经销部门自管仓库储存危险化学品必须经公安部门批准

C. 未经批准不得随意设置危险化学品储存仓库

D. 危险化学品露天堆放，应符合防火、防爆的安全要求

E. 爆炸物品、一级易燃物品、遇湿燃烧物品、剧毒物品不得露天堆放

F. 储存危险化学品的仓库必须配备有专业知识的技术人员

G. 储存危险化学品的库房及场所应设专人管理，管理人员必须配备可靠的个人安全防护用品

H. 储存的危险化学品应有明显的标志

I. 同一区域储存两种或两种以上不同级别的危险化学品时，应按最高等级危险化学品的性能标志

J. 危险化学品储存方式包括隔离储存、隔开储存、分离储存

K. 各类危险化学品不得与禁忌物料混合储存

L. 储存危险化学品的建筑物、区域内严禁吸烟和使用明火

> **细说考点**
>
> 1. 如果单独对 E 选项进行考核的话，题目可能会这样设置："禁止露天堆放的化学物品有（爆炸物品、一级易燃物品、遇湿燃烧物品、剧毒物品）。"
>
> 2. 重点记忆 I 选项中的"按最高等级"这几个关键字，这里可能会以单项选择题的形式进行考核。
>
> 3. 重点记忆 J 选项中危险化学品的三种储存方式。

考点 4　危险化学品的泄漏及火灾控制措施

（题干） 关于危险化学品的泄漏及火灾控制措施的说法中，正确的是（ABCDEFG）。

A. 利用截止阀切断泄漏源

B. 现场泄漏物要及时地进行覆盖、收容、稀释、处理

C. 正确选择水、蒸汽、二氧化碳、干粉和泡沫等灭火剂

D. 根据燃烧物料的性质、设备设施的特点、火源点部位及其火势等情况，选择冷却、灭火效能特别高的灭火剂扑救火灾

E. 对可以用水灭火的场所要尽量使用蒸汽或喷雾水流稀释，防止复燃复爆

F. 要注意防止高温危害

G. 要注意防止毒害危害

> **细说考点**
>
> 1. 对于 F 选项中的"防止高温危害"，还可能会考核防止高温危害的具体方法有哪些。考生应牢记防止高温危害的具体方法包括：喷水降温、利用掩体保护、穿隔热服装保护、定时组织换班等。
>
> 2. 对于 G 选项中的"防止毒害危害"，还可能会考核防止毒害危害的具体方法有哪些。防止毒害危害的具体方法是：在扑救现场设置警戒区，进入警戒区的抢险人员佩戴个体防护装备，并采取适当的手段消除毒物。

考点 5　特殊化学品火灾扑救注意事项

（题干） 关于扑救气体火灾注意事项的说法中，正确的是（AB）。

A. 切忌盲目扑灭火焰

B. 在没有采取堵漏措施的情况下，必须保持稳定燃烧

C. 切忌用沙土盖压

D. 绝对禁止用水、泡沫、酸碱等湿性灭火剂扑救

E. 用普通蛋白泡沫或轻泡沫扑救

F. 水溶性液体用抗溶性泡沫扑救

G. 尽量使用低压水流或雾状水

H. 用水和泡沫逐步扑救

> **细说考点**
>
> 1. 本考点还可能作为考题的题目：
> (1) 关于扑救爆炸物品火灾注意事项的说法中，正确的是（C）。
> (2) 关于扑救遇湿易燃物品火灾注意事项的说法中，正确的是（D）。
> (3) 关于扑救易燃液体火灾注意事项的说法中，正确的是（EF）。
> (4) 关于扑救毒害和腐蚀品火灾注意事项的说法中，正确的是（G）。
> (5) 关于扑救易燃固体、自燃物品火灾注意事项的说法中，正确的是（H）。
>
> 2. 扑救遇湿易燃物品火灾时，一般可使用干粉、二氧化碳、卤代烷扑救，但钾、钠、铝、镁等物品用二氧化碳、卤代烷无效。固体遇湿易燃物品应使用水泥、干砂、干粉、硅藻土等覆盖。
>
> 3. 有少数易燃固体、自燃物品的扑救方法比较特殊：对于2,4—二硝基苯甲醚、二硝基萘、萘等易燃固体，在扑救过程中应不时向燃烧区域上空及周围喷射雾状水，并消除周围一切点火源。

考点6 危险废弃物销毁

（题干）使危险废弃物无害化采用的方法是使它们变成高度不溶性的物质，目前常用的固化/稳定化方法有（ABCDEFG）。

A. 水泥固化法 B. 石灰固化法

C. 塑性材料固化法 D. 有机聚合物固化法

E. 自凝胶固化法 F. 熔融固化法

G. 陶瓷固化法 H. 爆炸法

I. 烧毁法 J. 溶解法

K. 化学分解法 L. 填埋法

> **细说考点**
>
> 本考点还可能作为考题的题目：
> (1) 凡确认不能使用的爆炸性物品，必须予以销毁，在销毁以前应报告当地公安部门，一般可采用的销毁方法有（HIJK）。
> (2) 有机过氧化物是一种易燃、易爆品，其处理方法主要有（IKL）。

考点7　工业毒性危险化学品对人体的危害

（题干）工业毒性危险化学品对人体的危害表现在（ABCDEFGHIJK）。

A. 刺激　　　　　　　　　　　　B. 过敏

C. 单纯窒息　　　　　　　　　　D. 血液窒息

E. 细胞内窒息　　　　　　　　　F. 麻醉和昏迷

G. 中毒　　　　　　　　　　　　H. 致癌

I. 致畸　　　　　　　　　　　　J. 致突变

K. 尘肺

细说考点

1. 本考点还可能作为考题的题目：

（1）在空间有限的工作场所，氧气被氮气、二氧化碳、甲烷、氢气、氦气等气体所代替，空气中氧浓度降到17%以下，致使机体组织的供氧不足，就会引起头晕、恶心、调节功能紊乱等症状。这一现象说明工业毒性危险化学品对人体有（C）的危害。

（2）毒性化学物质影响机体传送氧的能力，体现了工业毒性危险化学品对人体有（D）的危害。

（3）氰化氢、硫化氢等物质影响细胞和氧的结合能力，体现了工业毒性危险化学品对人体有（E）的危害。

（4）接触乙醇、丙醇、丙酮、丁酮、乙炔、烃类、乙醚、异丙醚会导致中枢神经抑制，体现了工业毒性危险化学品对人体有（F）的危害。

（5）麻醉性气体、水银和有机溶剂对人体有（I）的危害。

（6）石英晶体、石棉、滑石粉、煤粉和铍等对人体有（K）的危害。

2. 本考点重在掌握不同种类的工业毒性危险化学品对人体产生的危害是什么。考生可依照表进行学习。

工业毒性危险化学品类别	对人体的危害
二氧化硫、氯气、石棉尘等	可引起气管炎，甚至严重损害气管和肺组织
环氧树脂、胶类硬化剂、偶氮染料、煤焦油衍生物和铬酸等	呼吸系统过敏
甲苯、聚氨酯、福尔马林等	职业性哮喘
一氧化碳	血液窒息
溶剂酒精、氯仿、四氯化碳、三氯乙烯等	损害肝脏组织

续表

工业毒性危险化学品类别	对人体的危害
汞、铅、铊、镉、四氯化碳、氯仿、六氟丙烯、二氯乙烷、溴甲烷、溴乙烷、碘乙烷等	损害肾脏
砷、石棉、铬、镍等	可能导致肺癌
铬、镍、木材、皮革粉尘等	可能导致鼻腔癌和鼻窦癌
联苯胺、萘胺、皮革粉尘等	可能导致膀胱癌
砷、煤焦油和石油产品等	可能导致皮肤癌
氯乙烯	可能导致肝癌
苯	可引起再生障碍性贫血

考点 8 危险化学品事故的控制和防护措施

(题干) 危险化学品中毒、污染事故预防控制措施包括（ABCDEF）。

A. 替代 B. 变更工艺
C. 隔离 D. 通风
E. 个体防护 F. 保持卫生
G. 密闭 H. 惰性气体保护
I. 安全监测及连锁 J. 控制明火和高温表面
K. 防止摩擦和撞击产生火花 L. 设置阻火装置
M. 防火防爆分隔 N. 设置防爆泄压装置

细说考点

1. 本考点还可能作为考题的题目：
(1) 危险化学品火灾、爆炸事故的预防措施包括（ADGHIJKLMN）。
(2) 控制化学品危害的首选方案是（A）。
(3) 甲化工厂设有 3 座循环水池，采用液氯杀菌。该工厂决定改用二氧化氯泡腾片杀菌，消除了液氯的安全隐患。这种控制危险化学品危害的措施属于（A）。
(4) 通过封闭、设置屏障等措施，避免作业人员直接暴露于有害环境中。这种控制危险化学品危害的措施属于（C）。
(5) 在控制危险化学品危害的措施中，（E）不能降低作业场所中有害化学品的浓度，它仅仅是一道阻止有害物进入人体的屏障。
(6) 在危险化学品火灾、爆炸事故的预防措施中，属于防止燃烧、爆炸系统形成的措施有（ADGHI）。
(7) 在危险化学品火灾、爆炸事故的预防措施中，属于消除点火源方面的措施有（JK）。
(8) 在危险化学品火灾、爆炸事故的预防措施中，属于限制火灾、爆炸蔓延扩散方面措施的是（LMN）。

2.在考试时题目的设置可能会是具体实例，考查题目所述情形采用的是哪种预防控制措施。这类题目有一定难度，通过概念理解每种预防措施的具体做法是得分的关键。

考点9　急性中毒的现场抢救

（题干）下列关于急性中毒现场抢救的说法中，正确的是（ABCDEFGHI）。

A.救护人员在救护之前应做好自身呼吸系统皮肤的防护

B.救护人员应迅速将中毒者移至空气新鲜、通风良好的地方

C.救护人员应松开患者衣服、腰带并使其仰卧，以保持呼吸道通畅

D.救护人员进入现场后，除对中毒者进行抢救外，还应采取关闭泄漏管道阀门、堵塞设备泄漏处、停止输送物料等措施

E.对于已经泄漏出来的有毒气体或蒸气，应迅速启动通风排毒设施或打开门窗

F.对于被黏稠性毒性危险化学品污染的皮肤，可用大量肥皂水冲洗

G.对于被水溶性毒性危险化学品污染的皮肤，应先用棉絮、干布擦拭，再用清水冲洗

H.对于经口引起急性中毒的腐蚀性毒性危险化学品，一般不宜洗胃，可用蛋清、牛奶或氢氧化铝凝胶灌服

I.对于经口引起急性中毒的非腐蚀性毒性危险化学品，应迅速用1/5000的高锰酸钾溶液或1‰~2％的碳酸氢钠溶液洗胃，然后用硫酸镁溶液导泻

细说考点

1.重点记忆D选项所述的切断毒性危险化学品来源的具体措施（关闭泄漏管道阀门、堵塞设备泄漏处、停止输送物料），这是一个很好的采分点，可以单独考核一道多项选择题。

2.F~I选项均是针对不同种类危险化学品危害的现场抢救方法。F、G选项要相互区分；H、I选项要相互区分。

专题五　特殊作业安全技术

考点1　动火分析

（题干）动火作业前应进行动火分析，下列关于动火分析的说法中，正确的是（ABC

DEFGH)。

A. 在较大的设备内动火，应对上、中、下各部位进行监测分析
B. 在较长的物料管线上动火，应在彻底隔绝区域内分段分析
C. 在设备外部动火，应在不小于动火点10m范围内进行动火分析
D. 动火分析与动火作业间隔一般不超过30min，如现场条件不允许，间隔时间可适当放宽，但不应超过60min
E. 作业中断时间超过60min，应重新分析
F. 当被测气体或蒸气的爆炸下限大于或等于4%时，其被测浓度不大于0.5%时，动火分析合格
G. 当被测气体或蒸气的爆炸下限小于4%时，其被测浓度不大于0.2%时，动火分析合格
H. 每日动火前均应进行动火分析

> **细说考点**
>
> 1. 牢记C、D、E选项中的数字部分，在考试时可能会单独对这些内容进行考核，考核形式为单项选择题。
>
> 2. F、G选项可对比记忆。

考点2 动火作业安全防范措施

(题干) 关于一般动火作业安全防范措施的说法中，正确的是（ABCDEFGHIJK）。

A. 动火作业应有专人监火
B. 对于动火点周围或其下方的地面如有可燃物、空洞、窨井、地沟、水封等，应检查分析并采取清理或封盖等措施
C. 对于动火点周围有可能泄漏易燃、可燃物料的设备，应采取隔离措施
D. 拆除管线进行动火作业时，应在查明其内部介质及其走向的基础上，根据所要拆除管线的情况制定安全防火措施
E. 在生产、使用、储存氧气的设备上进行动火作业时，设备内氧含量不应超过23.5%
F. 动火期间距动火点30m内不应排放可燃气体
G. 动火期间距动火点15m内不应排放可燃液体
H. 在动火点10m范围内不应同时进行可燃溶剂清洗或喷漆等作业
I. 在铁路沿线25m以内范围内动火作业时，如遇装有危险化学品的火车通过或停留时，应立即停止
J. 使用气焊、气割动火作业时，乙炔瓶应直立放置，氧气瓶与之间距不应小于5m
K. 五级风以上（含五级）天气，因生产确需动火，动火作业应升级管理

> **细说考点**
>
> 1. 重点记忆E选项中的"生产、使用、储存氧气的设备"以及"23.5%"等关

键字，这两个地方很有可能会出题考核。

2. 注意F选项中的"30m""可燃气体"与G选项中的"15m""可燃液体"。注意两两对应，避免混淆。

3. H~J选项中的数字部分应重点记忆。J选项还应记忆"直立放置"这几个关键字。

4. 特殊动火作业除了要满足以上措施要求外，还应符合以下规定：

(1) 在生产不稳定的情况下不应进行带压不置换动火作业；

(2) 应预先制定作业方案，落实安全防火措施，必要时可请专职消防队到现场监护；

(3) 动火点所在的生产车间应预先通知工厂生产调度部门及有关单位，使之在异常情况下能及时采取相应的应急措施；

(4) 应在正压条件下进行作业；

(5) 应保持作业现场通排风良好。

考点3 受限空间作业要求

（题干）下列关于受限空间作业要求的说法中，正确的是（ABCDEFGHIJK）。

A. 与受限空间连通的可能危及安全作业的管道应插入盲板或拆除一段管道进行隔绝

B. 保持受限空间空气流通良好，可打开人孔、手孔、料孔、风门、烟门等与大气相通的设施进行自然通风

C. 作业前30min内，应对受限空间进行气体分析，分析合格后方可进入

D. 作业中应至少每2h监测一次受限空间内的气体浓度

E. 对可能释放有害物质的受限空间，应连续监测气体浓度

F. 涂刷具有挥发性溶剂的涂料时，应采取强制通风措施

G. 作业中断时间超过60min时，应重新进行气体分析

H. 在潮湿容器、狭小容器内，作业电压应小于或等于12V

I. 在潮湿容器中，作业人员应站在绝缘板上，同时保证金属容器接地可靠

J. 在受限空间外应设有专人监护，作业期间监护人员不应离开

K. 在风险较大的受限空间作业时，应增设监护人员

细说考点

1. 如果单独对A选项进行考核的话，题目可能会这样设置："对与受限空间连通的可能危及安全作业的管道进行隔绝，可采取的措施有（插入盲板、拆除一段管道）。"

2. 分别记忆C、D、G、H选项中的"30min""2h""60min""12V"等关键数字。

考点 4 受限空间作业的防护措施

(题干) 缺氧或有毒的受限空间经清洗或置换仍达不到相关要求的,应采取的防护措施是 (A)。

A. 佩戴隔绝式呼吸器
B. 穿防静电工作服及防静电工作鞋
C. 使用防爆型低压灯具及防爆工具
D. 穿戴防酸碱防护服、防护鞋、防护手套等防腐蚀护具
E. 佩戴耳塞或耳罩等防噪声护具
F. 佩戴防尘口罩、眼罩等防尘护具
G. 穿戴高温防护用品,必要时采取通风、隔热、佩戴通信设备等措施
H. 应穿戴低温防护用品,必要时采取供暖、佩戴通信设备等措施

> **细说考点**
>
> 本考点还可能作为考题的题目:
> (1) 易燃易爆的受限空间经清洗或置换仍达不到相关要求的,应采取的防护措施是 (BC)。
> (2) 进入酸碱等腐蚀性介质的受限空间作业,应采取的防护措施是 (D)。
> (3) 进入有噪声产生的受限空间作业,应采取的防护措施是 (E)。
> (4) 进入有粉尘产生的受限空间作业,应采取的防护措施是 (F)。
> (5) 进入高温的受限空间作业,应采取的防护措施是 (G)。
> (6) 进入低温的受限空间作业,应采取的防护措施是 (H)。

第三讲 建筑施工安全技术

专题一 土石方及基坑工程

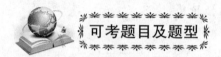

考点1 土的分类

（题干）建筑施工的土方工程中，根据土的颗粒级配或塑性指数，将土分为（ABC）。

A. 碎石类土　　　　　　　　　B. 黏性土
C. 砂土　　　　　　　　　　　D. 软土
E. 人工填土　　　　　　　　　F. 素填土
G. 杂填土

细说考点

1. 本考点还可能作为考题的题目：根据土的工程性质，特殊性土包括（DEFG）。

2. 本考点举例中的题干，还可以描述成："根据土的颗粒级配或塑性指数，土的分类不包括（DEFG）。"

3. 土的分类还有更详细的分类，比如根据土的沉积年代，黏性土可分为（老黏性土、一般黏性土、新近沉积黏性土），这也是一个考核点。

4. 本考点在考核中也可能会以单项选择题的形式出现，比如：根据土的颗粒级配或塑性指数，土的分类包括（碎石类土、砂土和黏性土）。

5. 在考核土的分类时，一般会作为干扰选项的有：硬土、中性土等。

考点2 边坡稳定因素

（题干）基坑边坡失稳坍塌的实质是边坡土体中的剪应力大于土的抗剪强度，而土体的抗剪强度决定于土体的内摩擦力和内聚力。因此，凡是能影响土体中剪应力、抗剪强度的都会影响边坡的稳定。下列因素中，影响边坡稳定的是（ABCDE）。

A. 土的类别　　　　　　　　　B. 土的湿化程度
C. 气候　　　　　　　　　　　D. 附加荷载

E. 外力

> **细说考点**
>
> 1. 本考点还可能作为考题的题目：
> (1) 下列因素中，(C) 使土质松软或变硬，如冬期冻融又风化，也可降低土体抗剪强度。
> (2) 基坑边坡上面 (DE) 的影响，能使土体中剪应力大大增加，甚至超过土体的抗剪强度，使边坡失去稳定而塌方。
> 2. 本考点中，考生还需要掌握的采分点如下：
> (1) 基坑开挖后，其边坡失稳坍塌的实质是边坡土体中的剪应力<u>大于土的抗剪强度</u>。
> (2) 基坑边坡失稳的实质是边坡土体中的剪应力大于土体的抗剪强度。土体的抗剪强度来源于土体的内摩擦力和<u>内聚力</u>。
> (3) 基坑边坡土内含水愈多，湿化程度越高，边坡越容易失去稳定，这是因为土的<u>抗剪强度降低</u>造成的。
> 3. 在对本考点进行考查时，一般会作为干扰选项的有：回填密实度、土的压实度等。

考点3　土方开挖及基坑和边坡施工技术

(题干) 建筑施工的土方工程中，土方开挖准备阶段的做法正确的有 (**ABCDE**)。

A. 勘查现场，清除地面及地上障碍物

B. 做好施工场地防洪排水工作，场地周围设置必要的截水沟、排水沟

C. 保护测量基准桩，以保证土方开挖标高位置与尺寸准确无误

D. 备好施工用电、用水、道路及其他设施

E. 对于深基坑，要先做好挡土桩

F. 根据土方开挖的深度和工程量的大小，选择机械和人工挖土或机械挖土的方案

G. 开挖的基坑（槽）比邻近建筑物基础深时，开挖应保持一定的距离和坡度

H. 开挖的基坑（槽）比邻近建筑物基础深，并且不能保持一定的距离和坡度的要求时，应采取边坡支撑加固措施，应在施工中进行沉降和位移观测

I. 弃土应及时运出，如需临时堆土、留作回填土，堆土坡脚至坑边距离应按挖坑深度、边坡坡度和土的类别确定，在边坡支护设计时应考虑堆土附加的侧压力

J. 为防止基坑底的土被扰动，基坑挖好后要尽量减少暴露时间，及时进行下一道工序的施工

K. 为防止基坑底的土被扰动，基坑挖好后要尽量减少暴露时间，不能立即进行下一道工序时，要预留15~30cm厚覆盖土层，待基础施工时再挖去

> **细说考点**
>
> 1. 本考点还可能作为考题的题目：建筑施工的土方工程中，土方开挖时的做法，正确的是（FGHIJK）。
>
> 2. 本题中，B选项中需要考生注意的关键要点是"截水沟、排水沟"这几个字，很有可能在此考查选择题；H选项中需要考生注意的关键要点是"沉降和位移观测"这几个字，很有可能在此考查选择题；K选项中需要注意的是数值类规定，考查的可能性很大。

考点4　基坑和管沟常用的支护方法

（题干）在基坑或管沟开挖时，常因受场地的限制不能放坡，或者为了减少挖填的土方量，缩短工期以及防止地下水渗入基坑等要求，可采用设置支撑与护壁桩的方法。常用的一些基坑与管沟的支撑方法包括（ABCDEFGHIJKLMN）。

A. 间断式水平支撑　　　　　　　B. 断续式水平支撑
C. 连续式水平支撑　　　　　　　D. 连续式垂直支撑
E. 锚拉支撑　　　　　　　　　　F. 斜柱支撑
G. 短桩隔断支撑　　　　　　　　H. 临时挡土墙支撑
I. 混凝土或钢筋混凝土支护　　　J. 钢构架支护
K. 地下连续墙支护　　　　　　　L. 地下连续墙锚杆支护
M. 挡土护坡桩与锚杆结合支撑　　N. 挡土护坡桩支撑

> **细说考点**
>
> 1. 本考点还可能作为考题的题目：
>
> （1）在基坑或管沟开挖时，能保持直立的干土或天然湿度的黏土类土，深度在2m以内时，可设置的支撑是（A）。
>
> （2）挖掘湿度小的黏性土及挖土深度小于3m时，可设置的支撑是（B）。
>
> （3）在基坑或管沟开挖时，挖掘较潮湿的或散粒的土及挖土深度小于5m时，可设置的支撑是（C）。
>
> （4）下列基坑和管沟常用的支护方法中，（D）的适用范围是挖掘松散的或湿度很高的土（挖土深度不限）。
>
> （5）下列基坑和管沟常用的支护方法中，（E）适用于开挖较大基坑或使用较大型的机械挖土，而不能安装横撑对。
>
> （6）下列基坑和管沟常用的支护方法中，（F）适用于开挖较大基坑或使用较大型的机械挖土，而不能采用锚拉支撑中。
>
> （7）开挖宽度大的基坑，当部分地段下部放坡不足时，可设置的支撑是（G）。

(8) 在基坑或管沟开挖时，常因受场地的限制不能放坡，可采用设置支撑与护壁桩的方法。开挖宽度较大的基坑当部分地段下部放坡不足时，可设置的支撑是（H）。

(9) 在基坑或管沟开挖时，遇到地下水较少，地面荷载较大，深度6~30m的圆形结构护壁或人工挖孔桩护壁时可设置的支撑是（I）。

(10) 在软弱土层中开挖较大、较深基坑，而不能用一般支护方法时，可设置的支撑是（J）。

(11) 开挖较大较深，周围有建筑物、公路的基坑，作为复合结构的一部分，或用于高层建筑的逆作法施工，作为结构的地下外墙，可设置的支撑是（K）。

(12) 当开挖深度大于10m的大型基坑周围有高层建筑物时，基坑支护不允许有较大变形。当采用机械挖土时，不允许内部设支撑，应使用的支撑方法是（L）。

(13) 大型较深基坑开挖，临近有高层建筑物建筑，不允许支护有较大变形时，可设置的支撑是（M）。

(14) 在基坑或管沟开挖因场地限制等原因不能放坡时，可采用设置支撑与护壁桩的方法。开挖深度大于6m的基坑，临近有建筑，不允许支撑有较大变形时，应采用（N）。

(15) 某基坑工程位于中心城区，临近有居民楼和商场，开挖深度为8m，对支撑变形有较高要求，该基坑工程应采取的支护方式是（N）。

2. 本考点在考查时，还有可能涉及的干扰选项有：土钉支护、地下连续墙与锚杆联合支。

3. 本考点在出题时，出题点在于基坑和管沟常用的支护方法的适用范围。属于记忆类型的考点，考生对于上述基坑和管沟常用的支护方法的适用范围应当区别记忆。

4. 本考点考查单选题时，出题形式可能有：

(1) 直接出题法：根据基坑和管沟支护方法的适用范围去判断选择哪一种支护方法，或者适用范围去选择相应的基坑和管沟支护方法。

(2) 分析判断法：这种出题方式需要考生去分析题干中描述的情形，然后判断最符合题意的一个选项。

考点5 土方开挖的安全措施

（题干）建筑施工的土方工程中，土方开挖的安全措施包括（ABCDEFGH）。

A. 每项工程施工时，都要编制土方工程施工方案

B. 土方工程施工方案内容包括施工准备、开挖方法、放坡、排水、边坡支护等，边坡支护应根据有关规范要求进行设计，并有设计计算书

C. 人工挖基坑时，操作人员之间要保持安全距离，一般大于2.5m

D. 多台机械开挖，挖土机间距应大于10m，挖土要自上而下，逐层进行，严禁先挖坡脚的危险作业

E. 挖土方前对周围环境要认真检查，不能在危险岩石或建筑物下面进行作业

F. 基坑开挖应严格按要求放坡，操作时应随时注意边坡的稳定情况，发现问题时及时加固处理

G. 机械挖土，多台机械同时开挖土方时，应验算边坡的稳定

H. 深基坑四周设防护栏杆，人员上下要有专用爬梯

细说考点

1. 本题C选项的数值类规定，考查的可能性很大，考生要注意。

2. 本题的D选项，需要注意的有两个点：一是数值规定"10m"，二是挖土的顺序"自上而下，逐层进行，严禁先挖坡脚的危险作业"。这两个点重复考查的可能性很大，考生要重视。

3. 本题的E选项，可能的出题点是"危险岩石或建筑物下面"，这里是考生需要注意的地方。

专题二 模板工程

考点1 模板的分类

(题干) 模板按其功能分类，常用的模板有（ABCDE）。

A. 定型组合模板
B. 墙体大模板
C. 飞模（台模）
D. 滑升模板
E. 一般木模板

细说考点

1. 本考点还可能作为考题的题目：

(1) 目前我国推广应用量较大的是（A）。

(2) 下列模板类型中，（C）是用于楼盖结构混凝土浇筑的整体式工具式模板。

(3) 具有支拆方便、周转快、文明施工特点的模板是（C）。

(4) 整体现浇混凝土结构施工的一项新工艺是（D）。

(5) 下列模板类型中，（D）广泛应用于工业建筑的烟囱、水塔、筒仓、竖井和民用高层建筑剪力墙、框剪、框架结构施工。

（6）下列模板类型中，（D）主要由模板面、围圈、提升架、液压千斤顶、操作平台、支承杆等组成。

（7）下列模板类型中，（D）一般采用钢模板面，也可用木或木（竹）胶合板面。

2. 本考点除了以上考核形式外，还可采用以下命题方式来考核，举例：

（1）一般木模板板面采用木板或木胶合板，支承结构采用（木龙骨、木立柱）。

（2）一般木模板板面采用木板或木胶合板，连接件采用（螺栓或铁钉）。

（3）定型组合模板包括（定型组合钢模板、钢木定型组合模板、组合铝模板以及定型木模板）。

考点 2　模板的结构设计要求

（题干）模板的结构设计，必须保证能承受作用于模板结构上的所有垂直荷载和水平荷载，在可能产生的荷载中，应选择（**ABCD**）。

A. 最不利的组合验算模板整体结构　　B. 构件、配件的强度
C. 构件、配件的刚度　　　　　　　　D. 构件、配件的稳定性

细说考点

本题中，还可能作为干扰选项的有：构件、配件的高度；构件、配件的宽度；构件、配件的组合性。

考点 3　模板工程所使用的木材

（题干）木材选材时，应根据模板构件受力种类，按规定选用适当等级的木材。受拉或拉弯的构件应选用（**A**）。

A. Ⅰ等材　　　　　　　　　　　　　B. Ⅱ等材
C. Ⅲ等材

细说考点

本考点还可能作为考题的题目：

（1）木材选材时，应根据模板构件受力种类，按规定选用适当等级的木材。受弯或压弯构件应选用（B）。

（2）木材的树种可根据各地区实际情况选用，材质不宜低于（C）。

（3）木材选材时，应根据模板构件受力种类，按规定选用适当等级的木材。受压构件应选用（C）。

考点4 模板的面板材料

(题干) 下列材料中,模板工程的面板可采用(ABCDEF)等。
A. 钢材
B. 木材
C. 胶合板
D. 复合纤维板
E. 塑料板
F. 玻璃钢板

细说考点

1. 本考点还可能作为考题的题目:当模板的面板材料为(D)时,其表面应平整光滑不变形,厚度应采用12mm及以上板材。

2. 本考点中,还有其他需要考生掌握的要点:
(1) 当模板的面板材料为覆面木胶合板时,应符合表面应平整光滑,具有防水、耐磨、耐酸碱的保护膜,厚度不应小于15mm的规定。
(2) 当模板的面板材料为覆面竹胶合板时,应采用12~18mm厚度的板材。

考点5 模板工程的荷载规定

(题干) 模板支撑系统应具有足够的承载能力、刚度、稳定性,以承受相应的荷载,下列关于模板支撑系统承受荷载的说法中,正确的是(ABCDEFGHIJ)。

A. 模板荷载标准值包括恒荷载标准值、活荷载标准值、风荷载标准值
B. 计算模板及支架结构或构件的强度、稳定性和连接的强度时,应采用荷载设计值
C. 计算模板及支架结构或构件的正常使用极限状态的变形时,应采用荷载标准值
D. 活荷载分项系数为1.4,永久荷载分项系数为1.2
E. 钢模板及其支架的荷载设计值可乘以系数0.95予以折减;采用冷弯薄壁型钢,其荷载设计值不应折减
F. 按极限状态设计时,对于正常使用极限状态应采用标准组合
G. 按极限状态设计时,对于承载能力极限状态,应按荷载效应的基本组合
H. 当验算模板及其支架的刚度时,对结构表面隐蔽的模板,为模板构件计算跨度的1/250
I. 当验算模板及其支架的刚度时,对结构表面外露的模板,其最大变形值不得超过模板构件计算跨度的1/400
J. 当验算模板及其支架的刚度时,支架的压缩变形或弹性挠度,为相应的结构计算跨度的1/1000

细说考点

1. 本题中A选项是考生需要掌握的内容,出题点是模板荷载标准值包括的内容。

2.本题中，D、E、H、I、J 选项的数值类规定有可能考查填空式单选题，因此考生要记住这些数值类规定。

考点6　模板的设计内容

（题干）根据《建筑施工模板安全技术规范》JGJ 162—2008，模板设计应包括的内容有（ABCDEF）。

A.根据混凝土的施工工艺和季节性施工措施，确定其构造和所承受的荷载
B.绘制配板设计图、支撑设计布置图、细部构造和异型模板大样图
C.按模板承受荷载的最不利组合对模板进行验算
D.制定模板安装及拆除的程序和方法
E.编制模板及配件的规格、数量汇总表和周转使用计划
F.编制模板施工安全、防火技术措施及设计、施工说明书

细说考点

模板工程设计计算包括的内容较多，考生还想了解更为详细的内容，可以自行学习《建筑施工模板安全技术规范》JGJ 162—2008 的内容。

考点7　支承楞梁计算

（题干）建筑施工模板的次楞一般为两跨以上连续楞梁，当跨度不等时，应按（AB）设计。

A.不等跨连续楞梁　　　　　　　　B.悬臂楞梁
C.连续梁　　　　　　　　　　　　D.简支梁
E.悬臂梁

细说考点

本考点还可能作为考题的题目：建筑施工模板的主楞可根据实际情况按（CDE）设计。

考点8　柱箍

（题干）柱箍用于直接支承和夹紧柱模板，应用（ABCD）制成，其受力状态为拉弯杆件，按拉弯杆件计算。

A.扁钢　　　　　　　　　　　　　B.角钢
C.槽钢　　　　　　　　　　　　　D.木楞

> **细说考点**
>
> 本题中还有可能涉及的干扰选项有：竹竿。

考点9 模板安装的规定

（题干）模板安装应符合的规定包括（ABCDEFGHIJKLMNOPQRST）。

A. 对模板施工队进行全面的安全技术交底，施工队应是具有资质的队伍

B. 挑选合格的模板和配件

C. 模板安装应按设计与施工说明书循序拼装

D. 竖向模板和支架支承部分安装在基土上时，应加设垫板

E. 模板及其支架在安装过程中，必须设置有效防倾覆的临时固定设施

F. 现浇钢筋混凝土梁、板，当跨度大于4m时，模板应起拱

G. 现浇钢筋混凝土梁、板，当设计无具体要求时，起拱高度宜为全跨长度的1/1000～3/1000

H. 现浇多层或高层房屋和构筑物安装上层模板及其支架时，下层楼板应具有承受上层荷载的承载能力或加设支架支撑

I. 现浇多层或高层房屋和构筑物安装上层模板及其支架时，上层支架立柱应对准下层支架立柱，并于立柱底铺设垫板

J. 当层间高度大于5m时，宜选用桁架支模或多层支架支模

K. 当层间高度大于5m，并且选用多层支架支模时，支架的横垫板应平整，支柱应垂直，上下层支柱应在同一竖向中心线上，且其支柱不得超过二层

L. 模板安装作业高度超过2.0m时，必须搭设脚手架或平台

M. 模板安装时，上下应有人接应，随装随运，严禁抛掷

N. 模板安装时，不得将模板支搭在门窗框上，也不得将脚手板支搭在模板上，并严禁将模板与井字架脚手架或操作平台连成一体

O. 五级风及以上应停止一切吊运作业

P. 拼装高度为2m以上的竖向模板，不得站在下层模板上拼装上层模板，安装过程中应设置足够的临时固定设施

Q. 当支撑成一定角度倾斜，或其支撑的表面倾斜时，应采取可靠措施确保支点稳定，支撑底脚必须有防滑移的措施

R. 除设计图另有规定者外，所有垂直支架柱应保证其垂直，其垂直允许偏差，当层高不大于5m时为6mm，当层高大于5m时为8mm

S. 已安装好的模板上的实际荷载不得超过设计值

T. 已承受荷载的支架和附件，不得随意拆除或移动

> **细说考点**
>
> 1. 本题中，A、D、E、Q 选项可能会考查填空式选择题。A 选项中，可能会在"安全技术交底"这里进行考核；D 选项中，可能会在"垫板"这里进行考核；E 选项中，可能会在"防倾覆"这里进行考核；Q 选项中，可能会在"防滑移"这里进行考核。
> 2. 本题中，F、G、J、K、L、P、R 选项中的数值类规定也是有可能考查的地方，需要考生记忆。
> 3. 本题中，E 选项考查单选题时的干扰选项有：防变形、防冻胀、防下沉。
> 4. 本题中，Q 选项考查单选题时的干扰选项有：防坍塌、防断裂、防碰撞。
> 5. 考生想要了解更为详细的模板安装的规定，可以自行学习《建筑施工模板安全技术规范》JGJ 162—2008 的相关内容。

考点 10　拆模顺序和方法

（题干）根据《建筑施工模板安全技术规范》JGJ 162—2008，拆模的顺序和方法应按模板的设计规定进行，当设计无规定时，可采取（ABCDE）的方式进行拆除。

A. 先支的后拆　　　　　　　　　　B. 后支的先拆
C. 先拆非承重模板　　　　　　　　D. 后拆承重模板
E. 从上而下进行拆除

> **细说考点**
>
> 本考点举例的题干还可以这样描述：根据《建筑施工模板安全技术规范》JGJ 162—2008，拆模的顺序和方法应按模板的设计规定进行。当设计无规定时，关于拆模顺序和方法的表述，正确的有（ABCDE）。

考点 11　拆模时的混凝土强度

（题干）关于拆模时混凝土强度应符合的规定，下列说法正确的是（ABCDEFG）。

A. 已拆除模板及其支架的混凝土结构，应在混凝土强度达到设计的混凝土强度标准值后，才允许承受全部设计的使用荷载

B. 不承重的侧模板只要混凝土强度能保证其表面及棱角不因拆除模板而受损坏，即可拆除

C. 在拆模过程中，如发现实际结构混凝土强度并未达到要求，有影响结构安全的质量问题，应暂停拆模

D. 一般墙体大模板在常温条件下，混凝土强度达到 $1N/mm^2$ 即可拆除

E.承重的梁、板等水平结构构件的底模，应根据与结构同条件养护的试块强度达到规定，方可拆除

F.承重模板应根据与结构同条件养护的试块强度达到规定，方可拆除

G.不承重的梁、柱、墙的侧模板，只要混凝土强度能保证其表面及棱角不因拆除模板而受损坏，即可拆除

细说考点

本题中，A、D选项可以考查填空式选择题。A选项中，可能会在"混凝土强度标准值"这里进行考核；D选项中，可能会在"$1N/mm^2$"这里进行考核。考生要注意前述选项中的关键字。

考点12 现浇楼盖、框架结构拆模

(题干) 现浇楼盖及框架结构的拆模程序包括（ABCDE）。

A.拆柱模斜撑与柱箍　　　　　　　　B.拆柱侧模
C.拆楼板底模　　　　　　　　　　　D.拆梁侧模
E.拆梁底模

细说考点

1.本考点还可能作为考题的题目：现浇楼盖及框架结构的拆模施工中，拆柱侧模之后的工序包括（CDE）。

2.本考点在考查时，出题形式可以是对一般现浇楼板及框架拆模顺序的正确性进行判断，或判断某一段施工顺序的正确性。下面看一下典型例题：

(1) 模板拆除作业的顺序和方法应根据模板工程专项施工方案实施。一般现浇楼板及框架拆模的正确顺序是（B）。

A.拆柱模斜撑与柱箍→拆楼板底模→拆柱侧模→拆梁侧模→拆梁底模

B.拆柱模斜撑与柱箍→拆柱侧模→拆楼板底模→拆梁侧模→拆梁底模

C.拆柱模斜撑与柱箍→拆柱侧模→拆梁侧模→拆楼板底模→拆梁底模

D.拆柱模斜撑与柱箍→拆梁侧模→拆柱侧模→拆楼板底模→拆梁底模

(2) 为保障施工作业人员安全，确保工程实体质量，梁、板模板拆除应遵照一定的顺序进行。下列关于梁、板模板拆除顺序的说法中，正确的是（B）。

A.先拆梁侧模，再拆板底模，最后拆除梁底模

B.先拆板底模，再拆梁侧模，最后拆除梁底模

C.先拆梁侧模，再拆梁底模，最后拆除板底模

D.先拆梁底模，再拆梁侧模，最后拆除板底模

专题三 建筑构件及设备吊装工程

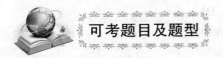

考点1 千斤顶的使用

(题干) 关于千斤顶使用要求的说法,正确的是(ABCDE)。

A. 千斤顶应放在干燥无尘土的地方,不可日晒雨淋,使用时应擦洗干净,各部件灵活无损

B. 使用时应放平,并在顶端和底脚部分加垫木板

C. 千斤顶不要超负荷使用,顶升的高度不得超过活塞上的标志线

D. 顶升时要随着物体的升高,在其下面用枕木垫好,以防千斤顶倾斜或回油而引起活塞突然下降

E. 有几个千斤顶联合使用时,应设置同步升降装置,并且每个千斤顶的起重能力不能小于计算荷载的1.2倍

> **细说考点**
> 本题中,B、D、E还可以考查填空式的选择题。其中,B选项中,可能会在"加垫木板"这里进行考核;D选项中,可能会在"枕木"这里进行考核;E选项中,可能会在"1.2倍"这里进行考核。因此,考生要注意前述选项可能出题考核的地方。

考点2 倒链的使用

(题干) 关于倒链的使用,下列说法正确的是(ABCD)。

A. 使用前需检查确认各部位灵敏无损

B. 起重时,不能超出起重能力,在任何方向使用时,拉链方向应与链轮方向相同,要注意防止手拉链脱槽,拉链子的力量要均匀,不能过快过猛

C. 要根据倒链的起重能力决定拉链的人数

D. 起吊重物中途停止时,要将手拉小链拴在起重链轮的大链上,以防时间过长而自锁失灵

> **细说考点**
> 本题中,C选项可以出填空式选择题,可能会在"起重能力"这里进行考核,考生要注意。

考点 3　卡环的使用

（题干） 关于卡环的使用要求的说法，正确的是（ABCDE）。

A. 卡环必须是锻造的，一般是用 20 号钢锻造后经过热处理而制成的

B. 不能使用铸造的和补焊的卡环

C. 在使用时不得超过规定的荷载，并应使卡环销子与环底受力，即于高度方向受力，不能横向受力，横向使用卡环会造成弯环变形

D. 抽销卡环经常用于柱子的吊装

E. 在柱子的质量较大时，为提高安全度，须用螺栓式卡环

> **细说考点**
>
> 本题中的 A、E 选项可能进行关键要点的考查。A 选项中，需要注意的关键字是"20 号钢"；E 选项中，需要注意的关键字是"螺栓式卡环"。这些都是有可能出题考查的地方，考生要注意。

考点 4　绳卡的类型

（题干） 钢丝绳的绳卡主要用于钢丝绳的临时连接和钢丝绳穿绕滑车组时后手绳的固定，以及扒杆上缆风绳绳头的固定等。通常用的钢丝绳卡子类型有（ABC）。

A. 骑马式　　　　　　　　　　B. 拳握式

C. 压板式

> **细说考点**
>
> 1. 本考点还可能作为考题的题目：
>
> （1）钢丝绳的绳卡主要用于钢丝绳的临时连接和钢丝绳穿绕滑车组时后手绳的固定。下列绳卡种类中，连接力最强的是（A）。
>
> （2）钢丝绳的绳卡主要用于钢丝绳的临时连接和钢丝绳穿绕滑轮组时尾绳的固结，以及扒杆上缆风绳绳头的固结等。下列钢丝绳绳卡中，应用最广的是（A）。
>
> 2. 本题中，还可以作为干扰选项的有：钢丝绳十字卡。

考点 5　绳卡的使用注意事项

（题干） 关于绳卡的使用注意事项，说法正确的有（ABCDEF）。

A. 卡子的大小要适合钢丝绳的粗细，U 形环的内侧净距要比钢丝绳直径大 1～3mm，净距太大不易卡紧绳子

B. 使用时，要把U形螺栓拧紧，直到钢丝绳被压扁1/3左右为止

C. 由于钢丝绳在受力后产生变形，绳卡在钢丝绳受力后要进行第二次拧紧，以保证接头的牢靠

D. 如需检查钢丝绳在受力后绳卡是否滑动，可采取附加一个安全绳卡来进行

E. 安全绳卡安装在距最后一个绳卡约500mm左右，将绳头放出一段安全弯后再与主绳夹紧，这样如卡子有滑动现象，安全弯将会被拉直，便于随时发现和及时加固

F. 绳卡之间的排列间距一般为钢丝绳直径的6~8倍，绳卡要一顺排列，应将U形环部分卡在绳头的一面，压板放在主绳的一面

细说考点

1. 本题中，A、B、E、F选项中的数值类规定可考查填空式的单选题，这里需要考生重点记忆。

2. 本题的D选项也是考生需要掌握的内容，其出题点在于"附加一个安全绳卡"这个关键要点上，考生要注意。

考点6　绞磨

(题干) 绞磨的绳扣与索具类型包括（ABC）。

A. 棕绳　　　　　　　　　　　　B. 钢丝绳

C. 绳扣

细说考点

1. 本考点还可能作为考题的题目：

(1) 下列绳索中，(A) 具有使用轻便、质软、携带方便、易于绑扎、结扣等优点。

(2) 下列绳索中，(A) 的强度低、易磨损和腐烂，只能用于辅助性作业。

(3) 不适用在荷载大及有冲击荷载的机动机械工作中的是 (A)。

(4) 具有强度高、弹性大、韧性好、耐磨并能承受冲击荷载等特点的是 (B)。

(5) 下列绳索中，(B) 破断前有断丝现象的预兆，容易检查，便于预防事故，因此，在起重作业中广泛应用，是吊装中的主要绳索。

(6) 把钢丝绳插在两头带有套鼻或编插成环状的绳索，用来连接重物与吊钩的吊装专用工具是 (C)。

(7) 下列绳索中，(C) 多是用人工编插的，也有用特制金属卡套压制而成的，人工插接的绳扣其编结部分的长度不得小于钢丝绳直径的15倍，并且不得短于300mm。

2. 本考点中，绞磨的使用注意事项也是考生需要掌握的内容。

3. 本考点中，绞磨的适用范围也是本考点中的出题点，它可以这样出题：绞磨是

一种使用较普遍的人力牵引工具，主要用于（起重速度不快、没有电动卷扬机、亦没有电源的偏僻地区及牵引力不大的施工作业）。

考点7　行车梁、屋架的吊装

(题干) 关于行车梁、屋架的吊装，下列说法正确的有（ABCDE）。

A.行车梁的吊装要在柱子杯口二次灌缝的混凝土强度达到70%以后进行

B.吊装前要搭设操作平台或脚手架，操作人员应在架子上操作，不可站在柱顶或牛腿上，以及不牢固的地方安装构件

C.构件的两端要有专人用溜绳来控制梁的方向，防止碰撞构件或挤伤人

D.由地面到高空的往返要走马道梯子等，禁止用起重机将人和构件一起升降

E.屋架吊装前要挂好安全网，安全网要随吊装面移动而增加

细说考点

本题中的A、C选项可能会出填空式的选择题。A选项中的数值规定为考核要点；C选项中，可能会在"溜绳"这里进行考核。因此，考生要注意前述选项中的关键要点。

考点8　设备吊装

(题干) 设备的装、运、安等各项工作中，不论是采用扒杆起吊或是机械吊装都应注意的事项包括（ABCDE）。

A.在安装过程中，如发现问题应及时采取措施，处理后再继续起吊

B.用扒杆吊装大型设备，多台卷扬机联合操作时，各卷扬机的卷扬速度应相同，要保证设备上各吊点受力大致趋于均匀，避免设备变形

C.采用回转法或扳倒法吊装塔罐时，塔体底部安装的铰腕必须具有抵抗起吊过程中所产生水平推力的能力

D.在架体上或建筑物上安装设备时，其强度和稳定性要达到安装条件的要求

E.在架体上或建筑物上安装设备时，当设备安装定位后，要按图样的要求连接紧固或焊接，满足设计要求的强度和具有稳固性后，才能脱钩，否则要进行临时固定

细说考点

本题中的C、D选项可以考查填空式的选择题。C选项中，可能会在"回转法或扳倒法"这里进行考核；D选项中，可能会在"强度和稳定性"这里出题考核。因此，考生要注意前述选项中的关键要点。

专题四 拆除工程

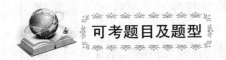

考点1 拆除工程施工安全规定

（题干）拆除工程施工组织设计的主要内容包括（ABCDEFGHIJKLMNO）。

A. 现场安全监护人员名单及职责

B. 有工程作业区周边的安全围挡及警示标牌设置要求

C. 切断原给水排水、电、暖、燃气等源头和拆除各种管道、线网的安全要求

D. 拆除工程施工所需要的水、电应另行设计专用的临时配电线路、供水管道

E. 根据采用的拆除方法（人工拆除或机械拆除、爆破拆除）制定有针对性的安全作业措施

F. 高处拆除作业应设计搭设专用的脚手架或作业平台

G. 若作业人员站在拟拆除的建筑物结构、部分上操作，必须确定其结构是稳固的

H. 拆除建筑物，应按自上而下对称顺序进行，先拆除非承重结构，再拆除承重的部分

I. 拆除建筑物，不得多层同时拆除；当拆除一部分时，与之相关联的其他部位应采取临时加固稳定措施，防止发生坍塌

J. 承重结构件要等待它所承担的全部结构和荷重拆除后再进行拆除

K. 拆除作业要设置溜放槽，将拆下的散碎材料顺槽溜下，较大的承重材料，应用绳或起重机吊下或运走，严禁向下抛掷

L. 拆除石棉瓦及轻型材料屋面工程时，严禁拆除作业人员直接踩踏在石棉瓦及其他轻型板材上作业

M. 拆除石棉瓦及轻型材料屋面工程时，必须使用移动板梯，同时板梯上端必须挂牢，防止发生高处坠落事故

N. 遇有六级强风、大雨、大雾等恶劣天气，应暂停高处拆除工程作业

O. 强风、雨后应检查高处作业安全设施的安全性，冬期应清除登高通道和作业面的雪、霜、冰块后再进行登高作业

细说考点

1. 本题中，F、H、I、J、K、M 选项可能会考查填空式的选择题。F 选项中，可能会在"脚手架或作业平台"这里填空考核；H 选项中，可能会在"自上而下对称顺序"这里填空考核；I 选项中，可能会在"数层"这里填空考核；J 选项中，可能会在"承担的全部结构和荷重"这里填空考核；K 选项中，可能会在"溜放槽"这

里填空考核；M选项中，可能会在"移动板梯"这里填空考核。考生要注意前述选项中的关键要点。

2.本考点中，还需要考生掌握拆除建（构）筑物的程序。下面看一下拆除建（构）筑物的程序的典型例题：

人工拆除建（构）筑物时，应从上而下逐层分段进行，应先拆除非承重结构，再拆除承重结构，下列拆除建（构）筑物的程序中，正确的是（A）。

A. 楼板→次梁→主梁→柱子 B. 楼板→主梁→次梁→柱子
C. 次梁→楼板→主梁→柱子 D. 主梁→次梁→楼板→柱子

考点2　采用控制爆破拆除工程的规定

（题干）采用控制爆破拆除工程时，必须经过爆破设计，对（ABCD）进行严格计算。
A. 起爆点　　　　　　　　　　B. 引爆物
C. 用药量　　　　　　　　　　D. 爆破程序

细说考点

本题中还有可能涉及的干扰选项有：建筑平面、建筑面积、周围环境。

考点3　安全技术交底

（题干）拆除工程开工前必须进行安全技术交底。施工安全技术总措施，应由（A）进行安全技术交底。

A. 组织编制该措施的技术负责人向项目工程施工负责人、施工技术负责人及施工管理人员
B. 组织编制该措施的负责人向各工种施工负责人、作业班组长
C. 项目工程技术负责人向专业施工队伍（班组）全体作业人员

细说考点

1.本考点还可能作为考题的题目：
(1) 拆除工程开工前必须进行安全技术交底。单位工程施工安全技术措施，应由（B）进行安全技术交底。
(2) 拆除工程开工前必须进行安全技术交底。专项施工安全技术措施应由（C）进行安全技术交底。
2.本考点中，安全技术交底时间也是考生需要掌握的内容。

考点4　安全技术措施的实施

（题干）建筑施工的所有安全设施、防护装置不得随意变动、拆除，如果确因生产作业需要将其暂时移位或拆除，必须向（A）报告，并应采取相应的暂时安全防范措施，作业完成后应立即复原。

A. 项目施工技术人员　　　　　　　　B. 项目工程技术负责人

细说考点

1. 本考点还可能作为考题的题目：建筑施工的各种安全设施、防护装置如有损坏的，必须及时整改，确保使用安全的可靠性。安全设施的拆除必须经（B）确认其已完成防护作用并批准后，方可拆除。

2. 本题中还可能会涉及的干扰选项：项目经理、安全设施设计人、作业队施工负责人。

专题五　建筑施工机械

考点1　混凝土搅拌机

（题干）混凝土搅拌机是由搅拌筒、上料机构、搅拌机构、配水系统出料机构、传动机构和动力部分组成。混凝土搅拌机按混凝土搅拌方式分类，有（AB）搅拌机。

A. 自落式　　　　　　　　B. 强制式
C. 固定式　　　　　　　　D. 移动式

细说考点

1. 本考点还可能作为考题的题目：

（1）下列搅拌机类型中，（A）搅拌机，按其搅拌罐的形状和出料方法又可分为鼓形、锥形反转出料和锥形倾翻出料三种。

（2）混凝土搅拌机按装置方式进行分类，包括（CD）搅拌机。

（3）下列搅拌机类型中，（C）搅拌机要有可靠的基础，操作台面牢固，便于操作，操作人员应能看到各工作部位情况。

（4）下列搅拌机类型中，（D）搅拌机应在平坦坚实的地面上支架牢靠，不准以轮胎代替支撑，使用时间较长的，应将轮胎卸下妥善保管。

2.本考点中,有两个采分点,一是混凝土搅拌机的类型,二是混凝土搅拌机使用与管理要求。这里考生需要对混凝土搅拌机使用与管理要求进行理解。

考点2 卷扬机的分类

(题干)卷扬机在建筑施工中使用广泛,它可以单独使用,也可以作为其他起重机械的卷扬机构。卷扬机按动力分类,包括(**ABCD**)。

A.手动卷扬机
B.电动卷扬机
C.蒸汽卷扬机
D.内燃卷扬机
E.单筒卷扬机
F.双筒卷扬机
G.多筒卷扬机
H.快速卷扬机
I.慢速卷扬机

细说考点

1.本考点还可能作为考题的题目:
(1)卷扬机按卷筒数分类,包括(EFG)。
(2)卷扬机按速度分类,包括(HI)。

2.本考点中,有两个采分点,一是卷扬机的类型,二是卷扬机的安全使用要点。这里考生需要对卷扬机的安全使用要点进行理解。

考点3 蛙式打夯机的使用要点

(题干)蛙式打夯机是建筑施工中常见的小型压实机械,虽有不同形式,但构造基本相同,主要由机械结构和电器控制两部分组成。蛙式打夯机只适用于(**ABC**)。

A.夯实灰土
B.夯实素土地基
C.场地平整工作
D.夯实坚硬或软硬不均相差较大的地面
E.夯打混有碎石、碎砖的杂土

细说考点

1.本考点还可能作为考题的题目:蛙式打夯机是建筑施工中常见的小型压实机械,虽有不同形式,但构造基本相同,主要由机械结构和电器控制两部分组成。蛙式打夯机不能用于(DE)。

2.本考点中,考生还需要掌握的要点是:两台以上蛙式打夯机同时作业时,左右间距不小于 5m,前后不小于 10m。

考点 4　冷拉机

（题干）冷拉机属于钢筋加工机械之一。冷拉机主要由（**ABCDEF**）组成。

A. 卷扬机
B. 地锚
C. 夹具
D. 定滑轮
E. 动滑轮
F. 测力装置

> **细说考点**
> 本考点中，有两个采分点，一是冷拉机的组成，二是冷拉机的操作要点。这里考生需要对冷拉机的操作要点进行理解。

考点 5　切断机操作时应注意的事项

（题干）切断机类型有手动切断机、电动切断机和液压切断机，操作时应注意的事项包括（**ABCDE**）。

A. 钢筋必须在调直后切断
B. 钢筋要平直进入刀口，与刀口成垂直状态
C. 不得超出机械铭牌规定的钢筋直径和强度，一次切断多根钢筋时，其总截面应在规定范围内
D. 手与切刀间应保持距离大于 15cm
E. 料长度小于 40cm 时，应用套管或夹具将短钢筋头夹牢

> **细说考点**
> 本题中的 D、E 选项中数值类规定有可能考查，需要考生注意。

考点 6　木工机械

（题干）施工现场中常见的木工机械主要是圆盘锯和平面刨，这两种机械也是木工机械中发生事故较多的机械。圆盘锯在使用时，应有开关控制，闸箱距设备距离不大于（**A**），以便在发生故障时，迅速切断电源。

A. 2m
B. 20cm
C. 50cm
D. 3m

> **细说考点**
> 本考点还可能作为考题的题目：

(1) 施工现场中常见的木工机械主要是圆盘锯和平面刨，这两种机械也是木工机械中发生事故较多的机械。圆盘锯的安全操作要点中，木料较长时，两人配合操作；操作中，下手必须待木料超过锯片（B）以外时，方可接料；接料后不要猛拉，应与送料配合。

(2) 圆盘锯的安全操作要点中，截断木料和锯短料时，应用推棍，不准用手直接进料，进料速度不能过快；下手接料必须用刨钩；木料长度不足（C）的短料，禁止上锯。

(3) 平面刨在使用时，应装开关箱，开关箱距设备不大于（D），便于发生故障时，迅速切断电源。

(4) 平面刨的安全操作要点中，短于（B）的木料不得使用机械。

(5) 平面刨的安全操作要点中，长度超过（A）的木料，应由两人配合操作。

考点7 水泵

（题干）关于建筑施工机械水泵操作要点的说法，正确的有（ABCD）。

A. 水泵的安装应牢固、平稳，有防雨、防冻措施

B. 多台水泵并列安装时，间距不小于80cm，管径较大的进出水管，须用支架支撑，转动部分要有防护装置

C. 电动机轴应与水泵轴同心，螺栓要紧固，管路密封，接口严密，吸水管阀无堵塞，无漏水

D. 升降吸水管时，要站到有防护栏杆的平台上操作

细说考点

1. 本题中A选项中水泵安装完成的防护措施有可能会考查，需要考生掌握。

2. 本题中B选项中的数值类规定也可能会考查，需要考生记忆。

3. 本考点中，有两个采分点，一是水泵的类型；二是水泵操作要点。对于水泵的类型需要考生理解。

专题六 垂直运输机械

考点1 塔式起重机分类

（题干）塔式起重机按工作方法分类，其类别包括（AB）塔式起重机。

A. 固定式　　　　　　　　　　　　B. 运行式

C. 上旋式 D. 下旋式
E. 动臂变幅 F. 小车运行变幅
G. 轻型 H. 中型
I. 重型

> **细说考点**
>
> 1. 本考点还可能作为考题的题目：
> (1) 塔式起重机按旋转方式分类，其类别包括（CD）塔式起重机。
> (2) 塔式起重机按变幅方法分类，其类别包括（EF）塔式起重机。
> (3) 塔式起重机按起重性能分类，其类别包括（GHI）塔式起重机。
> (4) 塔身不移动，工作范围靠塔臂的转动和小车变幅完成，多用于高层建筑、构筑物、高炉安装工程，指的是（A）塔式起重机。
> (5) 下列塔式起重机类型中，（G）塔式起重机的起重量在0.5~3t，适用于五层以下砖混结构施工。
> (6) 下列塔式起重机类型中，（H）塔式起重机的起重量在3~15t，适用于工业建筑综合吊装和高层建筑施工。
> (7) 下列塔式起重机类型中，（I）塔式起重机适用于多层工业厂房以及高炉设备安装。
>
> 2. 本考点除了以上考核形式外，还可采用以下命题方式来考核，举例：
> (1) 中型塔式起重机的起重量为（3~15）t，适用于工业建筑综合吊装和高层建筑施工。
> (2) 轻型塔式起重机的起重量在（0.5~3）t，适用于五层以下砖混结构施工。

考点2　起重机的基本参数

(题干) 起重机的基本参数有（ABCDEF）。

A. 起重力矩 B. 起重量
C. 最大起重量 D. 工作幅度
E. 起升高度 F. 轨距

> **细说考点**
>
> 本考点还可能作为考题的题目：
> (1) 下列起重机的基本参数中，（A）衡量塔式起重机起重能力的主要参数。
> (2) 起重吊钩中心到塔式起重机回转中心线之间的水平距离指的是（D）。
> (3) 下列起重机的基本参数中，（D）也称回转半径，并且是以建筑物尺寸和施工工艺的要求而确定的。

(4) 下列起重机的基本参数中，（E）是在最大工作幅度时，吊钩中心线至轨顶面（轮胎式、履带式至地面）的垂直距离。

(5) 下列起重机的基本参数中，（F）值是根据塔式起重机的整体稳定性和经济效果而定的。

考点3　塔式起重机安全操作注意事项

（题干） 关于塔式起重机安全操作注意事项，说法正确的有（ABCDEFGHIJK）。

A. 塔式起重机驾驶员和信号人员，必须经专门培训持证上岗

B. 实行专人专机管理，机长负责制，严格交接班制度

C. 新安装的或经大修后的塔式起重机，必须按说明书要求进行整机试运转

D. 塔式起重机距架空输电线路应保持安全距离

E. 驾驶员室内应配备适用的灭火器材

F. 提升重物前，要确认重物的真实质量，要做到不超过规定的荷载，不得超载作业

G. 两台塔式起重机在同一条轨道作业时，应保持安全距离

H. 两台同样高度的塔式起重机，其起重臂端部之间的距离应大于4m；两台塔式起重机同时作业，其吊物间距不得小于2m

I. 轨道行走的塔式起重机，处于90°弯道上，禁止起吊重物

J. 操作中遇大风（六级以上）等恶劣气候，应停止作业，将吊钩升起，夹好轨钳

K. 当风力达十级以上时，吊钩落下钩住轨道，并在塔身结构架上拉四根钢丝绳，固定在附近的建筑物上

细说考点

本题中的H、K选项中的数值类规定有可能会考查填空式选择题，考生要注意。

考点4　龙门架（井字架）物料提升机的构造

（题干） 龙门架、井字架都用于施工中的物料垂直运输。根据《龙门架及井架物料提升机安全技术规范》JGJ 88—2010，提升机宜选用（A）。

A. 可逆式卷扬机　　　　　　　　B. 摩擦式卷扬机

细说考点

1. 本考点还可能作为考题的题目：龙门架、井字架都用于施工中的物料垂直运输。根据《龙门架及井架物料提升机安全技术规范》JGJ 88—2010，高架提升机不得选用（B）。

2.本题还可能涉及的干扰选项有：内置式、行星式、溜放式。

考点5　龙门架（井字架）物料提升机的安全防护装置

(题干) 龙门架物料提升机的安全装置包括（ABCDEFGHI）。

A.停靠装置　　　　　　　　　　　B.断绳保护装置
C.吊篮安全门　　　　　　　　　　D.楼层口停靠栏杆
E.上料口防护棚　　　　　　　　　F.超高限位装置
G.下极限限位装置　　　　　　　　H.超载限位器
I.通信装置

细说考点

1.本考点还可能作为考题的题目：

(1) 工人进入物料提升机的吊笼后，卷扬机抱闸失灵，防止吊笼坠落的装置是 (A)。

(2) 龙门架（井字架）提升机作业中，当钢丝绳突然断开时，使吊篮不会坠落的安全装置是吊篮 (B)。

(3) 龙门架（井字架）提升机作业中，升降机与各层进料口的结合处搭设了运料通道，通道处应设 (D)。

(4) 龙门架（井字架）提升机作业中，(F) 是防止吊篮失控上升与天梁碰撞的装置。

(5) 龙门架（井字架）提升机作业中，(G) 主要用于高架升降机，为防止吊笼下行时不停机，压迫缓冲装置造成事故。

(6) 龙门架（井字架）提升机作业中，(H) 是为防止装料过多而设置。

2.本考点属于重点内容，考生需区别理解记忆龙门架物料提升机的安全装置。

考点6　龙门架（井字架）物料提升机的缆风绳

(题干) 当升降机无条件设置附墙架时，应采用缆风绳固定架体。第一道缆风绳的位置可以设置在距地面（A）高处。

A.20m　　　　　　　　　　　　　B.10m

细说考点

1.本考点还可能作为考题的题目：当升降机无条件设置附墙架时，应采用缆风绳固定架体。第一道缆风绳的位置可以设置在距地面20m高处，架体高度超过20m以上，每增高（B）就要增加一组缆风绳。

2. 本考点中，还需要考生掌握的采分点如下：

(1) 每组（或每道）缆风绳不应少于 <u>4</u> 根，沿架体平面 <u>360°</u> 范围内布局。

(2) 按照缆风绳的受力情况应采用直径不小于 <u>9.3mm</u> 的钢丝绳。

考点7　龙门架（井字架）物料提升机的安装

（题干）龙门架、井字架都是用做施工中的物料垂直运输。龙门架物料提升机组装后应进行验收，并进行（ABC）试验。

A. 空载　　　　　　　　　　　　B. 动载

C. 超载

> **细说考点**
>
> 本题还可能涉及的干扰选项有：气压试验、抗压试验等。

考点8　建筑施工外用电梯

（题干）建筑施工外用电梯又称附壁式升降机，是一种垂直井架导轨式外用笼式电梯。升降机的构造原理是将运载梯笼和平衡重之间，用（B）悬挂在立柱顶端的定滑轮上，立柱与建筑结构进行刚性连接。

A. 固定齿条　　　　　　　　　　B. 钢丝绳

> **细说考点**
>
> 1. 本考点还可能作为考题的题目：在建筑工地，外用电梯梯笼内以电力驱动齿轮，凭借立柱上（A）的反作用力，梯笼沿立柱作垂直运动。
>
> 2. 本题还可能涉及的干扰选项有：缆风绳、天梁、上料吊篮、导轨。

专题七　脚手架工程

考点1　脚手架的材质与规格

（题干）脚手架采用木质材料时，立杆和斜杆的小头直径一般不小于（A）。

A. 70mm
B. 80mm
C. 50mm
D. 75mm
E. 90mm

细说考点

1. 本考点还可能作为考题的题目：

(1) 脚手架采用木质材料搭设时，大横杆、小横杆的小头直径一般不小于（B）。

(2) 脚手架采用木质材料搭设时，脚手板的厚度一般不小于（C），应符合木质二等材。

(3) 使用竹竿搭设脚手架时，其立杆、斜杆、顶撑、大横杆的小头直径一般不小于（D）。

(4) 使用竹竿搭设脚手架时，小横杆的小头直径不小于（E）。

2. 本考点中，还需要考生掌握的采分点如下：

(1) 使用钢管搭设脚手架时，钢管的尺寸应按标准选用，每根钢管的最大质量不应大于 25kg。

(2) 扣件钢管脚手架的扣件，在使用时，螺杆拧紧力矩应在 40~65N·m 之间。

(3) 绑扎木脚手架一般采用 8号镀锌铁丝。

(4) 竹脚手架一般来说应采用竹篾绑扎；竹篾用水竹或慈竹劈成，要求质地新鲜，坚韧带青，使用前须提前一天用水浸泡；3个月要更换一次。

考点2　脚手架的荷载及基本构造

(题干) 钢管脚手架的荷载由（ABC）组成的承载力构架承受。

A. 小横杆
B. 大横杆
C. 立杆
D. 剪刀撑
E. 斜撑
F. 连墙杆
G. 扣件

细说考点

1. 本考点还可能作为考题的题目：

(1) 钢管脚手架的（DEF）主要是保证脚手架的整体刚度和稳定性，增加抵抗垂直和水平力作用的能力。

(2) 钢管脚手架的（F）承受全部的风荷载。

(3) 钢管脚手架的（G）是架子组成整体的连接件和传力件。

(4) 扣件式钢管脚手架的荷载传递路线：作用于脚手架上的全部竖向荷载和水平荷载最终都是通过（C）传递的；由竖向和水平荷载产生的竖向力由立杆传给基础；水

平力则由立杆通过连墙件传给建筑物。

（5）由荷载传递路线的途径可知，（C）是传递全部竖向和水平荷载的最重要构件，它主要承受压力计算忽略扣件连接偏心以及施工荷载作用产生的弯矩。

（6）脚手架的主节点应由（ABC）三杆的交叉点称为主节点。

（7）在脚手架使用期间，主节点处的（AB），纵横向扫地杆及连墙件不能拆除。

2. 本考点中，还需要考生掌握的采分点如下：

（1）扣件式钢管脚手架的永久荷载分项系数取 1.2，可变荷载分项系数取 1.4。

（2）根据脚手架的不同用途，确定装修、结构两种施工均布荷载。装修脚手架为 $2kN/m^2$，结构施工脚手架为 $3kN/m^2$。

（3）纵向或横向水平杆是靠扣件连接将施工荷载、脚手板自重传给立杆的，当连墙件采用扣件连接时，要靠扣件连接将脚手架的水平力由立杆传递到建筑物上。

（4）扣件连接是以扣件与钢管之间的摩擦力传递竖向力或水平力的。

（5）脚手架的主节点处立杆和大横杆的连接扣件与大横杆与小横杆的连接扣件的间距应小于 15cm。

考点3　扣件式钢管脚手架的大横杆（纵向水平杆）的构造

（题干）脚手架大横杆的对接、搭接应符合的规定是（ABCDEFGH）。

A. 大横杆的对接扣件应交错布置

B. 两根相邻大横杆的接头不宜设置在同步或同跨内

C. 不同步不同跨两相邻接头在水平方向错开的距离不应小于500mm

D. 各接头中心至最近主节点的距离不宜大于纵距的1/3

E. 搭接长度不应小于1m，应等间距设置3个旋转扣件固定

F. 端部扣件盖板边缘至大横杆杆端部的距离不应小于100mm

G. 当使用冲压钢脚手板、木脚手板、竹串片脚手板时，大横杆应作为小横杆的支座，用直角扣件固定在立杆上

H. 当使用竹笆脚手板时，大横杆应采用直角扣件固定在小横杆上，并应等间距设置，间距不应大于400mm

细说考点

本题中，C、D、E、F、H选项中的数值类规定可以考查填空式选择题，考生要注意。

考点4　扣件式钢管脚手架小横杆（横向水平杆）的构造

（题干）小横杆，即沿脚手架横向设置的水平杆。脚手架小横杆的构造应符合的规定包

括（ABCDEF）。

A. 主节点处必须设置一根小横杆，用直角扣件扣接且严禁拆除

B. 作业层上非主节点处的小横杆，宜根据支承脚手板的需要等间距设置，最大间距不应大于纵距的1/2

C. 当使用冲压钢脚手板、木脚手板、竹串片脚手板时，双排脚手架的小横杆两端均应采用直角扣件固定在大横杆上

D. 当使用冲压钢脚手板、木脚手板、竹串片脚手板时，单排脚手架的小横杆的一端应用直角扣件固定在大横杆上，另一端应插入墙内，插入长度不应小于180mm

E. 当使用竹笆脚手板时，双排脚手架的小横杆的两端，应用直角扣件固定在立杆上

F. 当使用竹笆脚手板时，单排脚手架的小横杆的一端，应用直角扣件固定在立杆上，另一端插入墙内，插入长度不应小于180mm

> **细说考点**
>
> 本题中，B、D、F选项中的数值类规定有可能考查填空式选择题，考生要注意。

考点5　扣件式钢管脚手架脚手板的构造

（题干）冲压钢脚手板对接平铺时，接头处必须设两根小横杆，脚手板外伸长应取130～150mm，两块脚手板外伸长度的和不应大于（A）。

A. 300mm　　　　　　　　　　B. 200mm
C. 100mm　　　　　　　　　　D. 150mm

> **细说考点**
>
> 1. 本考点还可能作为考题的题目：
>
> （1）木脚手板搭接铺设时，接头必须支在小横杆上，搭接长度应大于（B）。
>
> （2）竹串片脚手板搭接铺设时，接头必须支在小横杆上，搭接长度应大于200mm，其伸出小横杆的长度不应小于（C）。
>
> （3）作业层端部脚手板探头长度应取（D），其板长两端均应与支承杆可靠地固定。
>
> 2. 本考点中，还需要考生掌握的采分点如下：
>
> （1）作业层脚手板应铺满、铺稳；冲压钢脚手板、木脚手板、竹串片脚手板等，应设置在三根小横杆上。
>
> （2）当脚手板长度小于2m时，可采用两根小横杆支承，但应将脚手板两端与其可靠固定，严防倾翻。
>
> （3）竹笆脚手板应按其主筋垂直于纵向水平杆方向铺设，且采用对接平铺，四个角应用直径1.2mm的镀锌钢丝固定在纵向水平杆（大横杆）上。

127

考点6　扣件式钢管脚手架立杆、连墙件的构造

（题干）双排落地的扣件式钢管脚手架必须设置纵、横向扫地杆。纵向扫地杆应采用直角扣件固定在距离底座上皮不大于（A）处的立杆上。

A. 200mm　　　　　　　　　　　　B. 500mm
C. 100mm　　　　　　　　　　　　D. 300mm

> **细说考点**
>
> 1. 本考点还可能作为考题的题目：
> （1）脚手架立杆基础不在同一高度上时，必须将高处的纵向扫地杆向低处延长两跨与立杆固定，高低差不应大于1m。靠边坡上方的立杆轴线到边坡的距离不应小于（B）。
> （2）扣件式钢管脚手架立杆上的对接扣件应交错布置，两根相邻立杆的接头不应设置在同步内，同步内隔一根立杆的两个相隔接头在高度方向错开的距离不宜小于（B）。
> （3）双排落地的扣件式钢管脚手架立杆设置时，搭接长度不应小于1m，应采用不小于两个旋转扣件固定，端部扣件盖板的边缘至杆端距离不应小于（C）。
> （4）双排落地的扣件式钢管脚手架连墙件宜靠近主节点设置，偏离主节点的距离不应大于（D）。
>
> 2. 本考点中，还需要考生掌握的采分点如下：
> （1）扣件式钢管脚手架立杆设置时，脚手架底层步距不应大于2m。
> （2）扣件式钢管脚手架立杆接长除顶层顶部可采用搭接外，其余各层必须采用对接扣件连接。
> （3）扣件式钢管脚手架立杆上的搭接扣件应交错布置，各接头中心至主节点的距离不宜大于步距的1/3。

考点7　脚手架的使用与管理

（题干）关于扣件式钢管脚手架的使用与管理，说法正确的有（ABCD）。

A. 设置供操作人员上下使用的安全扶梯、爬梯或斜道
B. 搭设完毕后应进行检查验收，经检查合格后才准使用
C. 高层脚手架和满堂脚手架应进行检查验收后才能使用
D. 脚手架专项施工方案中，应包括脚手架拆除的方案和措施，拆除时应严格遵守

> **细说考点**
>
> 本题中的A选项有可能考查填空式选择题，可能会在"安全扶梯、爬梯或斜道"这里进行考核，考生要注意。

专题八 高处作业工程

考点1 高处作业概念及分级

（题干）根据《高处作业分级》GB/T 3608—2008，高处作业高度分为（ABCD）等区段。

A. 2～5m　　　　　　　　　　　　B. 5～15m
C. 15～30m　　　　　　　　　　　D. 30m以上

> **细说考点**
>
> 本考点中，还需要考生掌握的采分点如下：凡在坠落高度基准面2m以上（含2m）有可能坠落的高处进行的作业称为高处作业。

考点2 临边作业的防护技术措施

（题干）根据《建筑施工高处作业安全技术规范》JGJ 80—2016，临边作业的防护栏杆应由横杆、立杆及挡脚板组成。防护栏杆应为两道横杆，上杆距地面高度应为（A），下杆应在上杆和挡脚板中间设置。

A. 1.2m　　　　　　　　　　　　B. 2m

> **细说考点**
>
> 1. 本考点还可能作为考题的题目：在施工现场进行高处临边作业时，若工作面的边沿无有效围护设施，应设置防护栏杆。防护栏杆应由上下两道横杆、立杆及挡脚板组成。防护栏杆立杆间距不应大于（B）。
>
> 2. 本考点中，还需要考生掌握的采分点如下：
>
> (1) 当防护栏杆高度大于1.2m时，应增设横杆，横杆间距不应大于600mm。
>
> (2) 挡脚板高度不应小于180mm。
>
> (3) 防护栏杆的立杆和横杆的设置、固定及连接，应确保防护栏杆在上下横杆和立杆任何部位处，均能承受任何方向1kN的外力作用。
>
> (4) 建筑物外围边沿处，对没有设置外脚手架的工程，应设置防护栏杆；对有外脚手架的工程，应采用密目式安全立网全封闭。
>
> (5) 密目式安全立网应设置在脚手架外侧立杆上，并应与脚手杆紧密连接。

129

(6) 施工升降机、龙门架和井架物料提升机等在建筑物间设置的停层平台两侧边，应设置防护栏杆、挡脚板，并应采用<u>密目式安全立网或工具式栏板封闭</u>。

考点3 洞口作业安全防护技术措施

(题干) 根据《建筑施工高处作业安全技术规范》JGJ 80—2016，洞口作业时，应采取防坠落措施。当竖向洞口短边边长（A）时，应采取封堵措施。

A. 小于500mm
B. 大于或等于500mm
C. 为25～500mm
D. 为500～1500mm
E. 大于或等于1500mm

细说考点

1. 本考点还可能作为考题的题目：

(1) 根据《建筑施工高处作业安全技术规范》JGJ 80—2016，当垂直洞口短边边长（B）时，应在临空一侧设置高度不小于1.2m的防护栏杆，并应采用密目式安全立网或工具式栏板封闭，设置挡脚板。

(2) 根据《建筑施工高处作业安全技术规范》JGJ 80—2016，洞口作业时，应采取防坠落措施。当非竖向洞口短边边长（C）时，应采用承载力满足使用要求的盖板覆盖，盖板四周搁置应均衡，且应防止盖板移位。

(3) 根据《建筑施工高处作业安全技术规范》JGJ 80—2016，当非竖向洞口短边边长（D）时，应采用盖板覆盖或防护栏杆等措施，并应固定牢固。

(4) 根据《建筑施工高处作业安全技术规范》JGJ 80—2016，当非竖向洞口短边边长（E）时，应在洞口作业侧设置高度不小于1.2m的防护栏杆，洞口应采用安全平网封闭。

2. 本考点中，还需要考生掌握的采分点如下：

(1) 电梯井口应设置防护门，其高度不应小于<u>1.5m</u>，防护门底端距地面高度不应大于<u>50mm</u>，并应设置挡脚板。

(2) 在电梯施工前，电梯井道内应<u>每隔2层且不大于10m</u>加设一道<u>安全平网</u>。电梯井内的施工层上部，应设置隔离防护设施。

(3) 洞口盖板应能承受<u>不小于1kN</u>的集中荷载和不小于$2kN/m^2$的均布荷载，有特殊要求的盖板应另行设计。

(4) 墙面等处落地的竖向洞口、<u>窗台高度低于800mm的竖向洞口</u>及框架结构在<u>浇筑完混凝土未砌筑墙体时的洞口</u>，应按临边防护要求设置防护栏杆。

考点 4　攀登作业的安全防护技术措施

（题干） 根据《建筑施工高处作业安全技术规范》JGJ 80—2016，使用单梯时梯面应与水平面成 75°夹角，踏步不得缺失，梯格间距宜为（A），不得垫高使用。

A. 300mm
B. 400～600mm
C. 400mm

> **细说考点**
>
> 1. 本考点还可能作为考题的题目：
> （1）根据《建筑施工高处作业安全技术规范》JGJ 80—2016，固定式直梯应采用金属材料制成，梯子净宽应为（B），固定直梯的支撑应采用不小于∟70×6 的角钢，埋设与焊接应牢固。
> （2）根据《建筑施工高处作业安全技术规范》JGJ 80—2016，当安装屋架时，应在屋脊处设置扶梯。扶梯踏步间距不应大于（C）。
> （3）根据《建筑施工高处作业安全技术规范》JGJ 80—2016，深基坑施工应设置扶梯、入坑踏步及专用载人设备或斜道等设施。采用斜道时，应加设间距不大于（C）的防滑条等防滑措施。
>
> 2. 本考点中，还需要考生掌握的采分点如下：
> （1）攀登作业设施和用具应牢固可靠；当采用梯子攀爬作用时，踏面荷载不应大于 1.1kN；当梯面上有特殊作业时，应按实际情况进行专项设计。
> （2）固定式直梯应采用金属材料制成，并应符合现行国家标准的规定。直梯顶端的踏步应与攀登顶面齐平，并应加设 1.1～1.5m 高的扶手。
> （3）使用固定式直梯攀登作业时，当攀登高度超过 3m 时，宜加设护笼；当攀登高度超过 8m 时，应设置梯间平台。
> （4）钢结构安装时，应使用梯子或其他登高设施攀登作业。坠落高度超过 2m 时，应设置操作平台。

考点 5　悬空作业的安全防护技术措施

（题干） 根据《建筑施工高处作业安全技术规范》JGJ 80—2016，构件吊装和管道安装时的悬空作业应符合的规定包括（ABCDE）。

A. 钢结构吊装，构件宜在地面组装，安全设施应一并设置
B. 吊装钢筋混凝土屋架、梁、柱等大型构件前，应在构件上预先设置登高通道、操作立足点等安全设施
C. 在高空安装大模板、吊装第一块预制构件或单独的大中型预制构件时，应站在作业平台上操作

D. 钢结构安装施工宜在施工层搭设水平通道，水平通道两侧应设置防护栏杆；当利用钢梁作为水平通道时，应在钢梁一侧设置连续的安全绳，安全绳宜采用钢丝绳

E. 钢结构、管道等安装施工的安全防护宜采用工具化、定型化设施。

细说考点

1. 本题中，B、C、D、E 选项可能会考查填空式的选择题。B 选项，可能会在"登高通道、操作立足点"这里出题考核；C 选项，可能会在"作业平台"这里出题考核；D，可能会在"施工层"这里出题考核；E 选项，可能会在"工具化、定型化"这里出题考核。

2. 本考点中，还需要考生掌握的采分点如下：

（1）当利用吊车梁等构件作为水平通道时，临空面的一侧应设置连续的栏杆等防护措施。当安全绳为钢索时，钢索的一端应采用花篮螺栓收紧；当安全绳为钢丝绳时，钢丝绳的自然下垂度不应大于绳长的 1/20，并不应大于 100mm。

（2）在坠落基准面 2m 及以上高处搭设与拆除柱模板及悬挑结构的模板时，应设置操作平台。

（3）浇筑高度 2m 及以上的混凝土结构构件时，应设置脚手架或操作平台；悬挑的混凝土梁和檐、外墙和边柱等结构施工时，应搭设脚手架或操作平台。

（4）在坡度大于 25°的屋面上作业，当无外脚手架时，应在屋檐边设置不低于 1.5m 高的防护栏杆，并应采用密目式安全立网全封闭。

考点6　交叉作业的安全防护技术措施

（题干）根据《建筑施工高处作业安全技术规范》JGJ 80—2016，交叉作业时，下层作业位置应处于上层作业的坠落半径之外，高空作业坠落半径应规定确定。(A) 和警戒隔离区范围的设置应视上层作业高度确定，并应大于坠落半径。

A. 安全防护棚　　　　　　　　　　B. 安全防护网

细说考点

1. 本考点还可能作为考题的题目：

（1）根据《建筑施工高处作业安全技术规范》JGJ 80—2016，交叉作业时，坠落半径内应设置 (AB) 等安全隔离措施；当尚未设置安全隔离措施时，应设置警戒隔离区，人员严禁进入隔离区。

（2）根据《建筑施工高处作业安全技术规范》JGJ 80—2016，处于起重机臂架回转范围内的通道，应搭设 (A)。

（3）根据《建筑施工高处作业安全技术规范》JGJ 80—2016，施工现场人员进出的通道口，应搭设 (A)。

2.本考点中，还需要考生掌握的采分点如下：

（1）对不搭设脚手架和设置安全防护棚时的交叉作业，应设置安全防护网，当在多层、高层建筑外立面施工时，应在二层及每隔四层设一道固定的安全防护网，同时设一道随施工高度提升的安全防护网。

（2）安全防护网搭设时，应每隔3m设一根支撑杆，支撑杆水平夹角不宜小于45°；当在楼层设支撑杆时，应预埋钢筋环或在结构内外侧各设一道横杆。

（3）当安全防护棚为非机动车辆通行时，棚底至地面高度不应小于3m；当安全防护棚为机动车辆通行时，棚底至地面高度不应小于4m。

（4）当建筑物高度大于24m并采用木质板搭设时，应搭设双层安全防护棚。两层防护的间距不应小于700mm，安全防护棚的高度不应小于4m。

（5）当安全防护棚的顶棚采用竹笆或木质板搭设时，应采用双层搭设，间距不应小于700mm。

（6）当采用木质板或与其等强度的其他材料搭设时，可采用单层搭设，木板厚度不应小于50mm。

专题九 施工现场临时用电工程

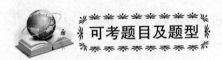

可考题目及题型

考点1 施工现场临时用电组织设计

（题干）根据《施工现场临时用电安全技术规范》JGJ 46—2005，施工现场临时用电组织设计应包括（**ABCDEFGH**）等内容。

A. 现场勘测

B. 确定电源进线、变电所或配电室、配电装置、用电设备位置及线路走向

C. 进行负荷计算

D. 选择变压器

E. 设计配电系统，包括设计配电线路，选择导线或电缆；设计配电装置，选择电器；设计接地装置；绘制临时用电工程图纸

F. 设计防雷装置

G. 确定防护措施

H. 制定安全用电措施和电气防火措施

细说考点

本考点除了掌握施工现场临时用电组织设计的内容外，还需要掌握临时用电组织

设计的条件，如：施工现场临时用电设备在 5 台及以上或设备总容量在 50kW 及以上者，应编制用电组织设计。

考点 2　施工现场对外电线路的安全距离

（题干） 当在建工程（含脚手架）周边外电线路的电压为 1kV 以下时，与外电架空线路的边线之间的最小安全操作距离为（A）。

A. 4m
B. 6m
C. 8m
D. 10m
E. 15m
F. 7m

细说考点

本考点还可能作为考题的题目：

（1）当在建工程（含脚手架）周边外电线路的电压为 1～10kV 时，与外电架空线路的边线之间的最小安全操作距离为（B）。

（2）当在建工程（含脚手架）周边外电线路的电压为 35～110kV 时，与外电架空线路的边线之间的最小安全操作距离为（C）。

（3）当在建工程（含脚手架）周边外电线路的电压为 220kV 时，与外电架空线路的边线之间的最小安全操作距离为（D）。

（4）当在建工程（含脚手架）周边外电线路的电压为 300～500kV 时，与外电架空线路的边线之间的最小安全操作距离为（E）。

（5）当施工现场的机动车道与电压等级＜1kV 的外电架空线路交叉时，架空线路的最低点与路面的最小垂直距离应为（B）。

（6）当施工现场的机动车道与电压等级为 8kV 的外电架空线路交叉时，架空线路的最低点与路面的最小垂直距离应为（F）。

（7）当施工现场的机动车道与电压等级为 35kV 的外电架空线路交叉时，架空线路的最低点与路面的最小垂直距离应为（F）。

考点 3　施工现场对外电线路的防护

（题干） 根据《施工现场临时用电安全技术规范》JGJ 46—2005，关于施工现场对外电线路的防护的说法，正确的有（ABCDEFGH）。

A. 在建工程不得在外电架空线路正下方施工、搭设作业棚、建造生活设施或堆放构件、架具、材料及其他杂物等

B. 上、下脚手架的斜道不宜设在有外电线路的一侧

C. 起重机严禁越过无防护设施的外电架空线路作业

D. 施工现场开挖沟槽边缘与外电埋地电缆沟槽边缘之间的距离不得小于0.5m

E. 架设防护设施时，必须经有关部门批准，采用线路暂时停电或其他可靠的安全技术措施，并应有电气工程技术人员和专职安全人员监护

F. 防护设施应坚固、稳定，且对外电线路的隔离防护应达到IP30级

G. 当规定的防护措施无法实现时，必须与有关部门协商，采取停电、迁移外电线路或改变工程位置等措施，未采取上述措施的严禁施工

H. 在外电架空线路附近开挖沟槽时，必须会同有关部门采取加固措施，防止外电架空线路电杆倾斜、悬倒

> **细说考点**
> 本题中，D、F选项中数值类规定有可能考查填空式选择题，考生要注意。

考点4 施工现场临时用电的接地与防雷

(题干) 施工现场在TN接零等保护系统中PE线与相线、工作零线均采用铜芯电缆，相线芯线截面为30mm^2，则PE线截面最小为（A）。

A. 16mm   B. 5mm
C. 18mm

> **细说考点**
>
> 1. 本考点还可能作为考题的题目：
> (1) 施工现场在TN接零等保护系统中PE线与相线、工作零线均采用铜芯电缆，相线芯线截面为16mm^2，则PE线截面最小为（B）。
> (2) 施工现场在TN接零等保护系统中PE线与相线、工作零线均采用铜芯电缆，相线芯线截面为36mm^2，则PE线截面最小为（C）。
> 2. 本考点中，还需要考生掌握的采分点如下：
> (1) 在施工现场专用变压器的供电的TN-S接零保护系统中，电气设备的金属外壳必须与保护零线连接。保护零线应由<u>工作接地线、配电室（总配电箱）电源侧零线或总漏电保护器电源侧零线处</u>引出。
> (2) 保护零线必须采用绝缘导线。配电装置和电动机械相连接的PE线应为截面不小于<u>2.5mm^2</u>的绝缘多股铜线。手持式电动工具的PE线应为截面不小于<u>1.5mm^2</u>的绝缘多股铜线。
> (3) 相线、N线、PE线的颜色标记必须符合以下规定：相线L1 (A)、L2 (B)、L3 (C) 相序的绝缘颜色依次为<u>黄、绿、红色</u>；N线的绝缘颜色为<u>淡蓝色</u>；PE线的绝缘颜色为<u>绿/黄双色</u>。任何情况下上述颜色标记严禁混用和互相代用。

考点5 施工现场配电室的位置及布置

（题干）配电室应靠近电源，并应设在灰尘少、潮气少、振动小、无腐蚀介质、无易燃易爆物及道路畅通的地方。配电柜正面的操作通道宽度，单列布置或双列背对背布置不小于（**A**）。

A. 1.5m
B. 2m
C. 0.8m
D. 1m
E. 3m
F. 2.5m
G. 0.075m
H. 0.5m

> **细说考点**
>
> 1. 本考点还可能作为考题的题目：
>
> 根据《施工现场临时用电安全技术规范》JGJ 46—2005，配电柜正面的操作通道宽度，双列面对面布置不小于（B）。
>
> 根据《施工现场临时用电安全技术规范》JGJ 46—2005，配电柜后面的维护通道宽度，单列布置或双列面对面布置不小于（C）。
>
> 根据《施工现场临时用电安全技术规范》JGJ 46—2005，配电柜后面的维护通道宽度，双列背对背布置不小于（A），个别地点有建筑物结构凸出的地方，则此点通道宽度可减少0.2m。
>
> 根据《施工现场临时用电安全技术规范》JGJ 46—2005，配电柜侧面的维护通道宽度不小于（D）。
>
> 根据《施工现场临时用电安全技术规范》JGJ 46—2005，配电室的顶棚与地面的距离不低于（E）。
>
> 根据《施工现场临时用电安全技术规范》JGJ 46—2005，配电室内设置值班或检修室时，该室边缘距配电柜的水平距离大于（D），并采取屏障隔离。
>
> 根据《施工现场临时用电安全技术规范》JGJ 46—2005，配电室内的裸母线与地面垂直距离小于（F）时，采用遮栏隔离，遮栏下面通道的高度不小于1.9m。
>
> 根据《施工现场临时用电安全技术规范》JGJ 46—2005，配电室围栏上端与其正上方带电部分的净距不小于（G）。
>
> 根据《施工现场临时用电安全技术规范》JGJ 46—2005，配电装置的上端距顶棚不小于（H）。
>
> 2. 本考点中，还需要考生掌握的采分点如下：
>
> （1）配电室的建筑物和构筑物的耐火等级不低于<u>3</u>级，室内配置砂箱和可用于扑灭电气火灾的灭火器。
>
> （2）配电室和控制室应能<u>自然通风</u>，并应采取防止雨雪侵入和动物进入的措施。
>
> （3）配电柜应装设电源隔离开关及短路、过载、漏电保护电器。电源隔离开关分断时应有明显<u>可见分断点</u>。

考点6 施工现场架空线路的安全要求

(题干) 下列关于架空线路的安全要求,说法正确的有(ABCDEFG)。

A. 架空线必须采用绝缘导线

B. 架空线路的档距不得大于35m

C. 架空线路的线间距不得小于0.3m,靠近电杆的两导线的间距不得小于0.5m

D. 架空线的最大弧垂处与地面的最小垂直距离:施工现场一般场所4m、机动车道6m、铁路轨道7.5m

E. 按机械强度要求,绝缘铜线截面不小于10mm^2,绝缘铝线截面不小于16mm^2

F. 动力、照明线在同一横担上架设时,导线相序排列是:面向负荷从左侧起依次为L_1、N、L_2、L_3、PE

G. 动力、照明线在二层横担上分别架设时,导线相序排列是:上层横担面向负荷从左侧起依次为L_1、L_2、L_3;下层横担面向负荷从左侧起依次为L_1(L_2、L_3)、N、PE

> **细说考点**
> 本题中,B、C、D、E选项中数值类规定有可能考查填空式选择题,考生要注意。

考点7 施工现场电缆线路的安全要求

(题干) 关于电缆敷设的说法中,正确的是(ABCDEFGHIJ)。

A. 电缆中必须包含全部工作芯线和用作保护零线或保护线的芯线;需要三相四线制配电的电缆线路必须采用五芯电缆

B. 五芯电缆必须包含淡蓝、绿/黄二种颜色绝缘芯线;淡蓝色芯线必须用作N线;绿/黄双色芯线必须用作PE线,严禁混用

C. 室外电缆的敷设分为埋地和架空两种方式,以埋地敷设为宜

D. 室外电缆埋地具有的优点包括安全可靠,人身危害大量减少;维修量大大减少;线路不易受雷电袭击

E. 室内外电缆的敷设应以经济、方便、安全、可靠为依据

F. 电缆直接埋地敷设的深度不应小于0.7m,并应在电缆紧邻上、下、左、右侧均匀敷设不小于50mm厚的细砂,然后覆盖砖或混凝土板等硬质保护层

G. 埋地电缆在穿越建筑物、构筑物、道路、易受机械损伤、介质腐蚀场所及引出地面从2.0m高到地下0.2m处,必须加设防护套管,防护套管内径不应小于电缆外径的1.5倍

H. 橡皮电缆架空敷设时,应沿墙壁或电杆设置

I. 埋地电缆与其附近外电电缆和管沟的平行间距不得小于2m,交叉间距不得小于1m

J. 在建高层建筑内,可采用铝芯塑料电缆垂直敷设

> **细说考点**
>
> 本题中，E、G、I 选项中数值类规定有可能考查填空式选择题，考生要注意。

考点8　施工现场配电箱与开关箱的设置

（题干）总配电箱是施工现场配电系统的总枢纽，其装设位置应考虑（ABCD）等因素综合确定。

　　A. 便于电源引入　　　　　　　　　　　B. 靠近负荷中心
　　C. 减少配电线路　　　　　　　　　　　D. 缩短配电距离

> **细说考点**
>
> 本考点中，还需要考生掌握的采分点如下：
> （1）配电系统应设置配电柜或总配电箱、分配电箱、开关箱，实行三级配电。
> （2）总配电箱应设在靠近电源的区域，分配电箱应设在用电设备或负荷相对集中的区域，分配电箱与开关箱的距离不得超过 30m，开关箱与其控制的固定式用电设备的水平距离不宜超过 3m。
> （3）配电箱、开关箱周围应有足够 2 人同时工作的空间和通道，不得堆放任何妨碍操作、维修的物品，不得有灌木、杂草。

考点9　施工现场配电箱与开关箱的电器选择

（题干）关于施工现场配电箱与开关箱的电器选择原则，说法正确的有（ABCDEFGH）。

　　A. 配电箱、开关箱内的开关电器应能保证在正常或故障情况下可靠地分断电路，在漏电的情况下可靠地使漏电设备脱离电源，在维修时有明确可见的电源分断点

　　B. 所有开关电器必须是合格产品

　　C. 不论是选用新电器，还是使用旧电器，必须完整、无损、动作可靠、绝缘良好，严禁使用破损电器

　　D. 应选择装有隔离电源的开关电器

　　E. 配电箱内的开关电器应与配电线路一一对应配合，作分路设置

　　F. 开关箱与用电设备之间应实行"一机一闸"制

　　G. 配电箱、开关箱内应设置漏电保护器，其额定漏电动作电流和额定漏电动作时间应安全可靠，并有合适的分级配合

　　H. 总配电箱（或配电室）内的漏电保护器，其额定漏电动作电流与额定漏电动作时间的乘积最高应限制在 30mA·s 以内

> **细说考点**
>
> 1. 本题中，A、F、G、H 选项中有可能考查填空式选择题。A 选项，可能会在"可见的电源分断点"这里出题考核；F 选项，可能会在"一机一闸"这里出题考核；G 选项，可能会在"漏电保护器"这里出题考核；H 选项，可能会在"30mA·s"这里出题考核。考生要注意前述选项中的关键要点。
>
> 2. 本考点中考生除了掌握以上要点之外，还需掌握的要点如下：开关箱中漏电保护器的额定漏电动作电流不应大于 30mA，额定漏电动作时间不应大于 0.1s。

考点 10　施工现场的照明

(题干) 隧道、人防工程、高温、有导电灰尘或灯具离地面高度低于 2.5m 等场所的照明，电源电压不应大于（A）V。

A. 36V
B. 24V
C. 12V

> **细说考点**
>
> 1. 本考点还可能作为考题的题目：
> (1) 在潮湿和易触及带电体场所的照明电源电压不得大于（B）。
> (2) 在特别潮湿的场所、导电良好的地面、锅炉或金属容器内工作的照明，电源电压不得大于（C）。
> (3) 移动式照明器的照明电源电压不得大于（A）。
>
> 2. 本考点中，有两个采分点：一是特殊场所使用的照明器应使用的安全电压，二是灯具的安装高度。考生要对灯具的安装高度进行理解并记忆。

考点 11　手持电动工具

(题干) 手持电动工具按触电保护可分为（ABC）工具。

A. Ⅰ类
B. Ⅱ类
C. Ⅲ类

> **细说考点**
>
> 1. 本考点还可能作为考题的题目：
> (1) 下列手持电动工具分类中，（A）工具在防止触电保护方面不仅依靠基本绝缘，而且还包含一个附加安全预防措施。
> (2) 下列手持电动工具分类中，（B）在防止触电的保护方面不仅依靠基本绝缘，

而且它还提供双重绝缘或加强绝缘的附加安全预防措施。

（3）下列手持电动工具分类中，（C）工具在防止触电的保护方面依靠由安全电压供电和在工具内部不会产生比安全电压高的电压。

（4）空气湿度小于75％的一般场所可选用（AB）手持式电动工具，相关开关箱中漏电保护器的额定漏电动作电流不应大于15mA，额定动作时间不应大于0.1s。

（5）狭窄场所必须选用由安全隔离变压器供电的（C）手持式电动工具，其开关箱和安全隔离变压器均应设置在狭窄场所外面，并连接PE线。

2.本考点中，考生还需掌握的采分点如下：

（1）在潮湿场所或金属架上操作时，必须选用Ⅱ类或由安全隔离变压器供电的Ⅲ类手持式电动工具。

（2）手持式电动工具的负荷线应采用耐气候型的橡皮护套铜芯软电缆，并不得有接头。

（3）手持式电动工具的外壳、手柄、插头、开关、负荷线等必须完好无损，使用前必须做绝缘检查和空载检查，在绝缘合格、空载运行正常后方可使用。

专题十　焊接工程

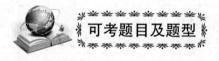

考点1　焊接作业的安全操作要求

（题干）为了防止触电事故的发生，电焊作业时除按规定穿戴防护工作服、防护手套和绝缘鞋外，还应保持干燥和清洁。焊接作业的安全操作要求包括（ABCDEFGHIJKLMN）。

A.每台电焊机都应设置单独的开关箱，箱中装有电源侧的和把线侧的漏电开关

B.焊接工作开始前，应首先检查焊机和工具是否完好和安全可靠，不允许未进行安全检查就开始操作

C.在狭小空间、船舱、容器和管道内工作时，必须穿绝缘鞋，脚下垫有橡胶板或其他绝缘衬垫，最好两人轮换工作

D.身体出汗后，衣服潮湿时，切勿靠在带电的钢板或工件上，以防触电

E.工作地点潮湿时，地面应铺有橡胶板或其他绝缘材料

F.更换焊条一定要戴皮手套，不要赤手操作

G.在带电情况下，为了安全，焊钳不得夹在腋下去搬被焊工件或将焊接电缆挂在脖颈上

H.推拉闸刀开关时，脸部不允许直对电闸，以防止短路造成的火花烧伤面部

I.进行改变焊机接头时，必须切断电源才能进行

J. 更换焊件需要改接二次回路时，必须切断电源才能进行

K. 更换保险装置时，必须切断电源才能进行

L. 焊机发生故障需进行检修时，必须切断电源才能进行

M. 转移工作地点搬动焊机时，必须切断电源才能进行

N. 工作完毕或临时离开工作现场时，必须切断电源才能进行

> **细说考点**
>
> 本题中 A、C、E 选项可以出填空式的选择题，尤其是前述选项中标注下划线部分，考生要注意。A 选项，可能会在"电源侧的和把线侧的"这里出题考核；C 选项，可能会在"绝缘鞋"这里出题考核；E 选项，可能会在"橡胶板"这里出题考核。考生要注意前述选项中的关键要点。

考点 2　气焊、气割与安全

（题干）关于气焊、气割与安全的说法，正确的有（**ABCD**）。

A. 火灾和爆炸是气焊与气割的主要危险

B. 防火与爆炸是气焊与气割安全的工作重点

C. 气焊与气割所用的乙炔、液化石油气、氧气等都是易燃易爆气体

D. 在气焊火焰作用下，尤其是气割时氧气射流的喷射，使火星、铁变成熔珠和熔渣等四处飞溅，容易造成灼烫伤事故

> **细说考点**
>
> 本题中 A、B 选项可出填空式选择题。A 选项，可能会在"火灾和爆炸"这里出题考核；C 选项，可能会在"防火与爆炸"这里出题考核。考生要注意前述选项中的关键要点。

专题十一　建筑施工防火安全

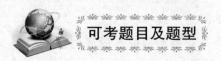

考点 1　建筑构件的燃烧性能分类

（题干）我国将建筑构件按其燃烧性能划分，其分类包括（**ABC**）。

A. 不燃烧体　　　　　　　　　B. 难燃烧体

C. 燃烧体

> **细说考点**
>
> 本考点除了以上考查形式外,还可以这样出题:建筑物的耐火能力取决于建筑构件的耐火性能,它是以(耐火极限)来衡量的。

考点 2 建筑材料的燃烧性能分类

(题干)建筑材料的燃烧性能是指其燃烧或遇火时所发生的一切物理和化学变化。我国国家标准将建筑材料按燃烧性能划分为四级,表示可燃性建筑材料的是(C)级。

A. A
B. B_1
C. B_2
D. B_3

> **细说考点**
>
> 1. 本考点还可能作为考题的题目:
> (1)我国国家标准《建筑材料及制品燃烧性能分级》GB 8624—2012 将建筑材料按其燃烧性能划分为四级。其中,表示不燃性建筑材料的是(A)级。
> (2)我国国家标准《建筑材料及制品燃烧性能分级》GB 8624—2012 将建筑材料按其燃烧性能划分为四级。其中,表示难燃性建筑材料的是(B)级。
> (3)我国国家标准《建筑材料及制品燃烧性能分级》GB 8624—2012 将建筑材料按其燃烧性能划分为四级。其中,表示易燃性建筑材料的是(D)级。
> 2. 本考点中,还需考生掌握的要点如下:建筑材料的防火性能一般用建筑材料的(燃烧性能)来表述。

考点 3 建筑施工引起火灾和爆炸的间接原因

(题干)建筑施工中发生火灾和爆炸事故,主要发生在储存、运输及施工过程中。有间接原因也有直接原因。间接原因可认为是由基础原因诱发出来的原因,可归纳为技术的原因和管理的原因。属于技术原因的是(AB)。

A. 储存材料的仓库等的设计及布置不符合防火规范要求
B. 在制定施工方案时对易燃材料、易燃化学品认识不足,编制的防火防爆安全措施不够全面
C. 安全生产责任制不落实,施工管理人员疏于管理
D. 消防安全制度执行不力,动火作业督促检查不到位,不能及时发现或消除火灾隐患
E. 施工人员缺乏防火安全思想和技术教育,对消防安全知识欠缺
F. 未编制防火防爆应急救援预案或应急救援预案未进行演练

> **细说考点**
>
> 本考点还可能作为考题的题目：引起建筑施工引起火灾和爆炸的原因有有间接原因也有直接原因。间接原因可认为是由基础原因诱发出来的原因，可归纳为技术的原因和管理的原因。属于管理原因的是（CDEF）。

考点4　建筑施工引起火灾和爆炸的直接原因

（题干）建筑施工中引发火灾和爆炸事故的直接原因包括（ABCDEFG）。
A. 现场内在高压线下设置临时设施和堆放易燃材料
B. 缺少防火、防爆安全装置和设施，如消防、疏散、急救设施不全，或设置不当等
C. 在高处实施电焊、气割作业时，对作业的周围和下方缺少防护遮挡
D. 雷击、地震、大风、洪水等天灾
E. 雷暴区季节性施工避雷设施失效
F. 仓库防火性能低，库内照明不足，通风不良，易燃易爆材料混放
G. 在易燃易爆材料堆放处实施动火作业

> **细说考点**
>
> 本考点中，上述题干还可以表述为：下列原因中，属于引发建筑施工中火灾和爆炸事故的直接原因的是（ABCDEFG）。

考点5　建筑施工引起火灾和爆炸扩大成为灾害的原因

（题干）建筑施工引起火灾和爆炸扩大成为灾害的原因包括（ABCD）。
A. 作业人员对异常情况不能正确判断、及时报告处理
B. 现场消防制度不落实，措施不落实，无灭火器材或灭火剂失效
C. 延误报火警，消防人员未能及时到达火场灭火
D. 因防火间距不足，可燃物质数量多，大风天气等而无法短时间灭火

> **细说考点**
>
> 本考点中，上述题干还可以表述为：下列原因中，（ABCD）能使建筑施工引起火灾和爆炸扩大成为灾害。

考点6　引起火灾爆炸的点火源

（题干）在建筑施工过程中，引起火灾爆炸的点火源主要有（ABCDE）。

A. 明火 B. 电火花
C. 电焊的焊渣 D. 气焊的焊渣
E. 气割的焊渣

> **细说考点**
>
> 本考点中，还有可能考查更为具体的引起火灾爆炸的点火源实例，因此考生对于点火源实例也要记忆。

考点 7　禁火作业区、仓库区和现场的生活区的防火安全距离

（题干）进行施工现场平面布置设计时，要明确划分出禁火作业区、仓库区和现场的生活区，各区域之间要按规定保持防火安全距离。其中，禁火作业区距离生活区的防火安全距离不小于（A）。

A. 15m B. 25m
C. 20m D. 30m

> **细说考点**
>
> 本考点还可能作为考题的题目：
> (1) 进行施工现场平面布置设计时，要明确划分出禁火作业区、仓库区和现场的生活区，各区域之间要按规定保持防火安全距离。其中，禁火作业区距离仓库区的防火安全距离不小于（B）。
> (2) 施工现场合理的平面布置是达到安全防火要求的重要措施之一。易燃、可燃材料堆料场及仓库与在建工程和其他区域的距离应不小于（C）。
> (3) 建筑施工编制施工组织设计时，应综合考虑防火要求、建筑物性质、施工现场周围环境等因素。在进行平面布置设计时，易燃的废品集中场地与在建工程和其他区域的距离应不小于（D）。

考点 8　一、二级动火区域施工防火措施

（题干）在一、二级动火区域施工，施工单位必须认真遵守消防法律法规，建立防火安全规章制度。下列关于一、二级动火区域施工防火措施的说法，正确的有（ABCDEFGH）。

A. 在生产或者储存易燃易爆品的场区施工，施工单位应当与相关单位建立动火信息通报制度，自觉遵守相关单位消防管理制度，共同防范火灾

B. 在施工现场禁火区域内施工，动火作业前必须申请办理动火证，动火证必须注明动火地点、动火时间、动火人、现场监护人、批准人和防火措施

C. 动火证由安全生产管理部门负责管理，施工现场动火证的审批工作由工程项目负责

人组织办理

D. 动火作业没经过审批的，一律不得实施动火作业

E. 对易引起火灾的仓库，应将库房内、外按 500m² 的区域分段设立防火墙，把建筑平面划分为若干个防火单元

F. 储量大的易燃仓库，仓库应设两个以上的大门，大门应向外开启

G. 固体易燃物品应当与易燃易爆的液体分间存放，不得在一个仓库内混合储存不同性质的物品

H. 仓库应设在下风方向，保证消防水源充足和消防车辆通道的畅通

> **细说考点**
>
> 本题中，A、B、C、E、H 选项可以出填空式选择题。A 选项中的"动火信息通报制度"、B 选项中的"申请办理动火证"、C 选项中的"工程项目负责人"、E 选项中的"防火墙"、H 选项中的"下风方向"等内容，是考生需要注意的地方。

考点 9　焊接、切割中防火防爆措施

(题干) 对焊、割构件和焊、割场所，可采取的防火防爆措施包括（ABCDEFGH）。

A. 转移　　　　　　　　　　B. 隔离
C. 置换　　　　　　　　　　D. 清洗
E. 移去危险品　　　　　　　F. 加强通风
G. 提高湿度，进行冷却　　　H. 备好灭火器材

> **细说考点**
>
> 本考点还可能作为考题的题目：
>
> (1) 在易燃、易爆场所和禁火区域内，应把需要焊、割的构件拆下来，（A）到安全地带实施焊、割。
>
> (2) 对确实无法拆卸的焊、割构件，可把焊、割的部位或设备与其他易燃易爆物质进行（B）。高处实施电焊、气割作业部位要采取围挡措施，防止焊渣大面积散落地面。
>
> (3) 对可燃气体的容器、管道进行焊、割时，可将惰性气体、蒸气或水注入焊、割的容器、管道内，把残存在里面的可燃气体（C）出来。

第四讲
安全生产案例分析

专题一 危害有害因素辨识和危险化学品重大危险源

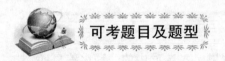
可考题目及题型

考点1 危险和有害因素辨识

【例题一】

2016年12月11日,南方某省L电厂二期扩建工程M标段冷却塔施工平台发生坍塌事故,造成49人死亡,3人受伤。该二期扩建工程由I工程公司总承包,K监理公司监理,M标段冷却塔施工由J建筑公司分包。

M标段的合同工期为15个月,因前期施工延误,为赶工期,I工程公司私下与J建筑公司约定,要求其在12个月内完成M标段施工,为此,J公司实行24h连续作业,时值冬期,当地气候潮湿阴冷,混凝土养护所需时间比其他季节延长。

冷却塔施工采用由下而上,利用浇筑好的钢筋混凝土塔壁作为支撑,在冷却塔壁内部和外部分别搭建施工平台和模板,当浇筑的混凝土达到要求的强度后,先拆除下部模板。将其安装在上部模板的上方,再进行下一轮浇筑。用混凝土泵将混凝土输送到冷却塔壁的内外两层模板之间,进行塔壁混凝土浇筑。

冷却塔内有塔式起重机及混凝土输送设备(混凝土运输罐车、混凝土泵和管道)。通过塔式起重机运送施工平台作业人员、其他建筑材料及施工工具。冷却塔施工平台上,有模板、钢筋、混凝土振捣棒以及电焊机、乙炔气瓶、氧气瓶等。

12月2日至10日,当地连续阴雨天气,施工并未停止,至11日零时,冷却塔施工平台高度达到85m。11日7时30分,42名作业人员到达冷却塔内,准备与前一班作业人员进行交接班,此时施工平台上有作业人员49人。突然,有人在施工平台上大声喊叫,接着就看到施工平台往下坠落,砸坏了部分冷却塔,随后整个施工平台全部坍塌。事故导致施工平台上49名作业人员全部死亡,地面3人受伤。

事故调查发现:事发时I工程公司没有人员在现场,I工程公司对J公司进行安全检查的记录不全;未发现近期J公司混凝土强度送检及相关检验报告;J公司现场作业人员共有210人,项目经理指定其亲属担任安全员,主要任务是看护现场工具及建筑材料,防止财物被盗;施工平台现场作业安全管理由当班班组长负责;J公司上次安全培训的时间是13个月前。

根据以上场景,回答下列问题:

1. 简要分析该起事故的直接原因。根据《企业职工伤亡事故分类》GB 6441—1986，辨识冷却塔施工平台存在的危险有害因素。
2. 指出 J 公司在 M 标段冷却塔施工安全生产管理中存在的问题。
3. 简述 I 公司对 J 公司现场安全管理的主要内容。
4. 简述 J 公司安全生产管理人员安全培训的主要内容。
5. 简述冷却塔施工中存在的危险性较大的分部分项工程。

【解答与细说考点】

问题1：

【解答】

（1）该起事故的直接原因分析：施工单位未按规定对冷却塔筒壁混凝土强度进行检测，异常天气下继续违章施工，致使筒壁混凝土强度养护时间不够，强度不足以承受筒壁上部及筒壁内外施工平台的荷载，筒壁结构破坏后施工平台失去支撑坠落，砸坏部分冷却塔后整个施工平台全部坍塌造成本次事故。

（2）根据《企业职工伤亡事故分类》GB 6441—1986，冷却塔施工平台存在的危险有害因素有：

① 坍塌——高大模板、冷却塔筒壁、施工平台有发生现实危险的可能；
② 高处坠落——冷却塔施工平台高度达到 85m；
③ 物体打击——作业人员上部坠落物、其他运动物；
④ 触电——冷却塔施工平台上有混凝土振捣棒以及电焊机等电气设备；
⑤ 压力容器爆炸——乙炔气瓶、氧气瓶物理爆炸；
⑥ 其他爆炸——乙炔气体发生爆炸；
⑦ 火灾——乙炔易燃；
⑧ 其他伤害——跌伤、扭伤；
⑨ 起重伤害——场内有塔式起重机；
⑩ 车辆伤害——场内有混凝土输送罐车；
⑪ 振动——混凝土振捣棒；
⑫ 噪声——混凝土振捣棒。

细说考点

本案例1考核的是事故原因分析、危险有害因素辨识。事故原因分析中，主要分清哪些属于直接原因（从人、物、环等方面分析）、哪些是间接原因（技术、教育、管理、人的身体、精神等方面分析）。因此要结合本案例中直接促成其发生变化的原因去分析判断直接原因、间接原因。关于事故的原因分析，可以考查案例选择题，也可以考查案例论述题，一般来说都是对背景资料中进行分析，然后让考生选择或者写出论述结果。

在安全生产事故案例分析中，进行危险有害因素辨识时，一般都是《企业职工伤亡事故分类》GB 6441—1986 对案例存在的危险有害因素进行辨识，因此考生要掌握该法规。

下面将事故原因分析、危险有害因素辨识的相关要点进行讲解。

1. 事故直接、间接原因分析（重点内容）

直接原因	物的不安全状态	（1）防护、保险、信号等装置缺乏或缺陷； （2）设备、设施工具附件有缺陷； （3）个人防护用品、用具缺少或有缺陷； （4）生产施工场地环境不良
	人的不安全行为	（1）操作错误、忽视安全忽视警告； （2）造成安全装置失效； （3）使用不安全设备； （4）用手代替工具操作； （5）物体（指成品、半成品、材料、工具、切屑和生产用品等）存放不当； （6）冒险进入危险场所； （7）攀、坐不安全位置（如平台护栏、汽车挡板、吊车吊钩等）； （8）在起吊物下作业、停留； （9）机器运转时加油、修理、检查、调整、焊接、清扫等工作； （10）有分散注意力的行为； （11）在必须使用个人防护用品用具的作业或场合中，忽视其使用； （12）不安全装束； （13）对易燃、易爆等危险物品处理错误
间接原因		（1）技术和设计上有缺陷； （2）教育培训不够； （3）劳动组织不合理； （4）对现场工作缺乏检查和指导错误； （5）没有安全操作规程或不健全； （6）没有或不认真实施事故防范措施；对事故隐患整改不力； （7）其他

2. 危险、有害因素的分类（重点内容）

	按导致事故的直接原因进行分类（四大类）	
《生产过程危险和有害因素分类与代码》GB/T 13861—2009（可能考查的题目是找隐患）	人的因素	（1）心理、生理性危险和有害因素：负荷超限，健康状况异常，从事禁忌作业，心理异常，识别功能缺陷，其他心理、生理性危险和有害因素； （2）行为性危险和有害因素：指挥错误（指挥失误、违章指挥、其他指挥错误），操作错误（误操作、违章作业、其他操作错误）；监护错误，其他行为性危险和有害因素

148

续表

	按导致事故的直接原因进行分类（四大类）	
《生产过程危险和有害因素分类与代码》GB/T 13861—2009（可能考查的题目是找隐患）	物的因素	(1) **物理性危险和有害因素**：设备、设施、工具、附件缺陷，防护缺陷，电危害，噪声，振动危害，电离辐射，非电离辐射，运动物危害，明火，高温物体，低温物体，信号缺陷，标志缺陷，有害光照，其他物理性危险和有害因素； **分类记忆小窍门**： ①4个缺陷（设备、设施、工具、附件缺陷，防护缺陷，信号缺陷，标志缺陷） ②3个电（电离辐射、非电离辐射、电伤害） ③明火、高温物质、低温物质、有害光照 ④噪声、振动危害、运动物伤害、其他 (2) **化学性危险和有害因素**：爆炸品，压缩气体和液化气体，易燃液体，易燃固体、自然物品和遇湿易燃物品，氧化剂和有机过氧化物，有毒品，放射性物品，腐蚀品，粉尘与气溶胶，其他化学性危险和有害因素； **记忆口诀**：压（压缩气体和液化气体）爆（爆炸品）放（放射性物品）毒（有毒品），粉（粉尘与气溶胶）氧（氧化剂和有机过氧化物）易（易燃液体）腐（腐蚀品） (3) **生物性危险和有害因素**：致病微生物，细菌，病菌，真菌，其他致病微生物，传染病媒介物，致害动物，致害植物，其他生物危险和有害因素
	环境因素	(1) 室内作业场所环境不良； (2) 室外作业场所环境不良； (3) 地下（含水下）作业环境不良； (4) 其他作业环境不良
	管理因素	(1) 职业安全卫生组织机构不健全； (2) 职业安全卫生责任制未落实； (3) 职业安全卫生管理规章制度不完善； (4) 职业安全卫生投入不足； (5) 职业健康管理不完善； (6) 其他管理因素缺陷

续表

	参照事故类别进行分类（20个类别）
《企业职工伤亡事故分类标准》GB 6441—1986（考查的方式可能是找危险源）	（1）**物体打击**：不包括因机械设备、车辆、起重机械、坍塌等引发的物体打击。 （2）**车辆伤害**：不包括起重设备提升、牵引车辆和车辆停驶时发生的事故。 （3）**机械伤害**：不包括车辆、起重机械引起的机械伤害。 （4）**起重伤害**：指各种起重作业（包括起重机安装、检修、试验）中发生的挤压、坠落（吊具、吊重）、物体打击等。 （5）**触电**：包括雷击伤亡事故。 （6）**淹溺**：不包括矿山、井下透水淹溺。 （7）**灼烫**：不包括电灼伤和火灾引起的烧伤。 （8）**火灾**。不适用于非企业原因造成的火灾。 （9）**高处坠落**：不包括触电坠落事故。 （10）**坍塌**：挖沟时的土石方塌方、脚手架坍塌、堆置物倒塌等，不适用于矿山冒顶片帮和车辆、起重机械、爆破引起的坍塌。 （11）**冒顶片帮**：适用于矿山、地下开采、掘进机其他坑道作业时发生的坍塌事故。 （12）**透水**：指矿山、地下开采或其他坑道作业时，意外水源带来的伤亡事故。 （13）**放炮**：是指爆破作业中发生的伤亡事故。 （14）**火药爆炸**：是指火药、炸药及其制品在生产、加工、运输、贮存中发生的爆炸事故。 （15）**瓦斯爆炸**：主要是用于煤矿，也适用于空气不流通瓦斯煤尘集聚的其他场合。 （16）**锅炉爆炸**：锅炉发生的物理学爆炸事故。 （17）**容器爆炸** （18）**其他爆炸**。 （19）**中毒和窒息**：不适用于病理变化导致的中毒和窒息，也不适用于慢性中毒的职业病导致的死亡。 （20）**其他伤害**

为了帮助考生能记住上述 GB 6441—1986 中 20 个分类，为此编写下面的记忆口诀：
<u>一个打击</u>（物体打击），<u>三个伤害</u>（车辆伤害、机械伤害、起重伤害），<u>四个煤矿</u>（坍塌、冒顶片帮、透水、放炮），<u>五个爆炸</u>（火药爆炸、瓦斯爆炸、锅炉爆炸、容器爆炸、其他爆炸），<u>五个常见</u>（触电、淹溺、灼烫、火灾、高处坠落），<u>一个中毒和窒息，一个其他伤害</u>。

续表

按职业健康分类（六大类）			
《职业危害因素分类目录》国卫疾控发〔2015〕92号	粉尘（52个小类）	矽尘（游离 SiO_2 含量≥10%）、煤尘、石墨粉尘、炭黑粉尘、石棉粉尘、滑石粉尘、水泥粉尘、云母粉尘、陶土粉尘等
	化学因素（375个小类）	铅及其化合物（不包括四乙基铅）、汞及其化合物、锰及其化合物、镉及其化合物、铍及其化合物、铊及其化合物、钡及其化合物、钒及其化合物等
	物理因素（15个小类）	噪声、高温、低气压、高气压、高原低氧、振动、激光、低温、微波、紫外线
	放射性因素（8个小类）	密封放射源产生的电离辐射、非密封放射性物质、X射线装置（含CT机）产生的电离辐射、加速器产生的电离辐射、中子发生器产生的电离辐射、氡及其短寿命子体、铀及其化合物、以上未提及的可导致职业病的其他放射性因素
	生物因素（6个小类）	艾滋病病毒、布鲁氏菌、伯氏疏螺旋体、森林脑炎病毒、炭疽芽孢杆菌、以上未提及的可导致职业病的其他生物因素
	其他因素（3个小类）	金属烟、井下不良作业条件、刮研作业

解题注意事项：

在安全生产案例分析的考试中，上述危险、有害因素的分类是考生需要掌握的内容。对于危险、有害因素的分类的考查，在案例分析中可能是根据背景资料中给出的相关信息，然后根据相关法规进行分析试题中的信息是属于哪种事故。因此考生在解答题目时需要注意的事项：（1）审题要清晰；（2）解题思路要清晰；（3）答题时条目要清晰。因此考生做到前述几点，一般答题时得高分不是问题。

3. 危险、有害因素辨识方法

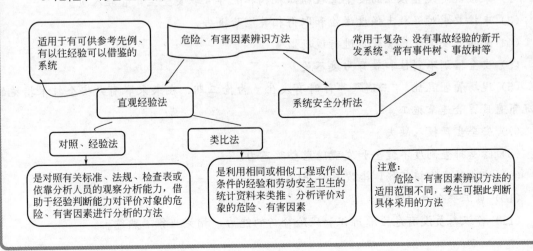

4. 危险、有害因素识别的内容（一般是考查辨识顺序）

项目	相关要点
厂址	工程地质、地形地貌、水文、气象条件、周围环境、交通运输条件及自然灾害、消防支持等
总平面布置	功能分区、防火间距和安全间距、风向、建筑物朝向、危险有害物质设施、动力设施、道路、储运设施等
道路及运输	从运输、装卸、消防、疏散、人流、物流、平面交叉运输和竖向交叉运输等
建（构）筑物	生产火灾危险性分类、耐火等级、结构、层数、占地面积、防火间距、安全疏散等
生产设备、装置	工艺设备：高温、低温、高压、腐蚀、振动、关键部位的备用设备、控制、操作、检修和故障、失误时的紧急异常情况等
	机械设备：运动零部件和工件、操作条件、检修作业、误运转和误操作等
	电气设备：从触电、断电、火灾、爆炸、误运转和误操作、静电、雷电等
作业环境	存在各种职业危害因素的作业部位
安全管理措施	安全生产管理组织机构、安全生产管理制度、事故应急救援预案、特种作业人员培训、日常安全管理等

问题 2：

【解答】

J 公司在 M 标段冷却塔施工安全生产管理中存在的问题包括：

（1）操作规程和规章制度不健全。

（2）未按规定设置独立的安全管理组织机构和配备专职安全生产管理人员。

（3）未按要求对混凝土强度送检和取得相关检验报告。

（4）未指派安全生产管理员进行现场监督。

（5）安全培训不到位和教育力度不足。

（6）现场管理混乱，"三违"事件时有发生。为抢工期，在未采取有效安全技术措施的情况下盲目冒险违章施工。

（7）安全生产投入缺失。

（8）隐患排查制度不健全和发现隐患整改不力。

（9）应急预案衔接不畅，未发挥作用。

（10）员工安全意识淡薄。

（11）各级人员没有危险源辨识和风险分析的能力，相关业务不熟练。

细说考点

本案例2涉及安全生产管理的相关内容。安全生产管理是指对安全生产工作进行的管理和控制。

《施工企业安全生产管理规范》GB 50656—2011规定，安全管理目标应包括生产安全事故控制指标、安全生产及文明施工管理目标。

生产目标是：减少和控制危害，减少和控制事故，尽量避免生产过程中由于事故所造成的人身伤害、财产损失、环境污染以及其他损失。

生产管理方面：安全生产法制管理、行政管理、监督检查、工艺技术管理、设备设施管理、作业环境和条件管理等。

基本对象：是企业的员工，涉及企业中的所有人员、设备设施、物料、环境、财务、信息等各个方面。

管理内容：安全生产管理机构、安全生产管理人员、安全生产责任制、安全生产管理规章制度、安全生产策划、安全生产培训、安全生产档案等。

在对本题进行分析时，考生可从安全生产管理内容这个角度去分析，然后写出本题施工安全生产管理中存在的问题。

这里说明一下回答此类问题的答题技巧：

(1) 审清题目，明确考点，也就是明确问题中问的是什么。这样在审题时，考生也就能抓住关键点，明确背景资料中存在的问题到底是什么；另外，审题时还要注意背景资料中隐含的含义，就是有关责任人的错误事实；审题完毕之后，考生再组织一下语言，形成清晰的答题思路，这样才能达到言辞达意的效果，不会出现答非所问的情况。

(2) 涵盖要点，有的放矢。答题时，要答在关键点上，可以写一些关键词：如故意、责任、之内等，这样的答案写出来让人一看更具有说服力。

(3) 避重就轻，合理用时；先看问题，再看题干。这样能节省一些时间，有针对性的、带着目的性地去审题，比全篇盲目性地看一遍题目要节省时间，更能明白题目中所要表达的意思。

(4) 宁缺毋滥，查缺补漏。考生能把记住的相关要点都答上，这样才能多拿分，在考试中多答了是不扣分的。

(5) 答题时字迹要工整，卷面要整洁。一目了然，看着身心愉悦，判卷人也会多给一分两分的。

问题3：

【解答】

I公司对J公司现场安全管理的主要内容：

(1) 工程开工前生产经营单位应对承包方负责人、工程技术人员进行全面的安全技术交底，并应有完整的记录。必要时，在承包商教育培训的基础上对承包商管理人员和工程技术人员、工人进行安全教育培训和考试，提供有关安全生产的规程、制度、要求。

（2）在有危险性的生产区域内作业，有可能造成火灾、爆炸、触电、中毒、窒息、机械伤害、烫伤、坠落、溺水等有可能造成人身伤害、设备损坏、环境污染等事故的，生产经营单位应要求承包方做好作业安全风险分析，并制订安全措施，经生产经营单位审核批准后，监督承包方实施。承包商应按有关行业安全管理法规、条例、规程的要求，在工作现场设置安全监护人员。

（3）在承包商队伍进入作业现场前，发包单位要对其进行消防安全、设备设施保护及社会治安方面的教育。所有教育培训和考试完成后，办理准入手续，凭证件出入现场。证件上应有本人近期免冠照片和姓名、承包商名称、准入的现场区域等信息。

（4）生产经营单位协助做好办理开工手续等工作，承包商取得经批准的开工手续后方可开始施工。

（5）发包单位、承包商安全监督管理人员，应经常深入现场，检查指导安全施工，要随时对施工安全进行监督，发现有违反安全规章制度的情况，及时纠正，并按规定给予惩处。

（6）同一工程项目或同一施工场所有多个承包商施工的，生产经营单位应与承包商签订专门的安全管理协议或者在承包合同中约定各自的安全生产管理职责，发包单位对各承包商的安全生产工作统一协调、管理。

（7）承包商施工队伍严重违章作业，导致设备故障等严重影响安全生产的后果，生产经营单位可以要求承包商进行停工整顿，并有权决定终止合同的执行。

细说考点

本案例3涉及针对施工现场存在安全生产管理问题的整改。对施工现场存在安全生产管理问题的整改可以从安全生产管理组织机构、安全生产管理制度、事故应急救援预案、特种作业人员培训、日常安全管理等方面进行。

问题4：
【解答】
J公司安全生产管理人员安全培训的主要内容包括：
（1）国家安全生产方针、政策和有关安全生产的法律、法规、规章及标准。
（2）安全生产管理、安全生产技术、职业卫生等知识。
（3）伤亡事故统计、报告及职业危害的调查处理方法。
（4）应急管理、应急预案编制以及应急处置的内容和要求。
（5）国内外先进的安全生产管理经验。
（6）典型事故和应急救援案例分析。
（7）其他需要培训的内容。

细说考点

本案例4涉及安全生产管理人员安全培训的主要内容。本题可依据《生产经营单位安全培训规定》（安监总局令第3号）进行解答。下面对安全生产培训的相关要点进行阐述。

1. 法律法规要求及培训内容

法律法规要求	《生产经营单位安全培训规定》，生产经营单位应当进行安全培训的从业人员包括主要负责人、安全生产管理人员、特种作业人员和其他从业人员。生产经营单位使用被派遣劳动者的，应当将被派遣劳动者纳入本单位从业人员统一管理，对被派遣劳动者进行岗位安全操作规程和安全操作技能的教育和培训。劳务派遣单位应当对被派遣劳动者进行必要的安全生产教育和培训。生产经营单位接收中等职业学校、高等学校学生实习的，应当对实习学生进行相应的安全生产教育和培训，提供必要的劳动防护用品。学校应当协助生产经营单位对实习学生进行安全生产教育和培训。生产经营单位从业人员应当接受安全培训，熟悉有关安全生产规章制度和安全操作规程，具备必要的安全生产知识，掌握本岗位的安全操作技能，了解事故应急处理措施，知悉自身在安全生产方面的权利和义务。未经安全培训合格的从业人员，不得上岗作业。 煤矿、非煤矿山、危险化学品、烟花爆竹、金属冶炼等生产经营单位主要负责人和安全生产管理人员，自任职之日起6个月内，必须经安全生产监管监察部门对其安全生产知识和管理能力考核合格。 生产经营单位的特种作业人员，必须按照国家有关法律、法规的规定接受专门的安全培训，经考核合格，取得特种作业操作资格证书后，方可上岗作业	
生产经营单位主要负责人安全培训应当包括的内容	(1) 国家安全生产方针、政策和有关安全生产的法律、法规、规章及标准； (2) 安全生产管理基本知识、安全生产技术、安全生产专业知识； (3) 重大危险源管理、重大事故防范、应急管理和救援组织以及事故调查处理的有关规定； (4) 职业危害及其预防措施； (5) 国内外先进的安全生产管理经验； (6) 典型事故和应急救援案例分析； (7) 其他需要培训的内容	注意：安全管理人员培训内容与主要负责人培训内容(1)、(2)、(5)、(6) 内容相同
生产经营单位安全生产管理人员安全培训应当包括的内容	(1) 国家安全生产方针、政策和有关安全生产的法律、法规、规章及标准； (2) 安全生产管理、安全生产技术、职业卫生等知识； (3) 伤亡事故统计、报告及职业危害的调查处理方法； (4) 应急管理、应急预案编制以及应急处置的内容和要求； (5) 国内外先进的安全生产管理经验； (6) 典型事故和应急救援案例分析； (7) 其他需要培训的内容	

续表

培训学时	生产经营单位主要负责人和安全生产管理人员初次安全培训时间不得少于 <u>32</u> 学时。每年再培训时间不得少于 <u>12</u> 学时。煤矿、非煤矿山、危险化学品、烟花爆竹、金属冶炼等生产经营单位主要负责人和安全生产管理人员初次安全培训时间不得少于 <u>48</u> 学时，每年再培训时间不得少于 <u>16</u> 学时 注意：在安全生产案例分析考试中，考查上述数值类规定的可能性很大，考生要注意区分

2. 其他从业人员的教育培训

三级安全教育培训	<u>厂（矿）级岗前安全培训</u>	（1）本单位安全生产情况及安全生产基本知识； （2）本单位安全生产规章制度和劳动纪律； （3）从业人员安全生产权利和义务； （4）有关事故案例等。 煤矿、非煤矿山、危险化学品、烟花爆竹、金属冶炼等生产经营单位厂（矿）级安全培训除包括上述内容外，应当增加事故应急救援、事故应急预案演练及防范措施等内容
	<u>车间（工段、区、队）级岗前安全培训</u>	（1）工作环境及危险因素； （2）所从事工种可能遭受的职业伤害和伤亡事故； （3）所从事工种的安全职责、操作技能及强制性标准； （4）自救互救、急救方法、疏散和现场紧急情况的处理； （5）安全设备设施、个人防护用品的使用和维护； （6）本车间（工段、区、队）安全生产状况及规章制度； （7）预防事故和职业危害的措施及应注意的安全事项； （8）有关事故案例； （9）其他需要培训的内容
	<u>班组级岗前安全培训</u>	（1）岗位安全操作规程； （2）岗位之间工作衔接配合的安全与职业卫生事项； （3）有关事故案例； （4）其他需要培训的内容
	其他规定	（1）煤矿、非煤矿山、危险化学品、烟花爆竹、金属冶炼等生产经营单位必须对新上岗的临时工、合同工、劳务工、轮换工、协议工等进行强制性安全培训，保证其具备本岗位安全操作、自救互救以及应急处置所需的知识和技能后，方能安排上岗作业。 （2）加工、制造业等生产单位的其他从业人员，在上岗前必须经过<u>厂（矿）、车间（工段、区、队）、班组三级安全培训教育</u>。生产经营单位应当根据工作性质对其他从业人员进行安全培训，保证其具备本岗位安全操作、应急处置等知识和技能。

续表

其他规定	（3）生产经营单位新上岗的从业人员，岗前安全培训时间不得少于<u>24</u>学时。煤矿、非煤矿山、危险化学品、烟花爆竹、金属冶炼等生产经营单位新上岗的从业人员安全培训时间不得少于<u>72</u>学时，每年再培训的时间不得少于<u>20</u>学时
重新教育	从业人员在本生产经营单位内调整工作岗位或离岗一年以上重新上岗时，应当重新接受车间（工段、区、队）和班组级的安全培训。生产经营单位采用新工艺、新技术、新材料或者使用新设备时，应当对有关从业人员重新进行有针对性的安全培训。 从业人员在企业内部调整工作岗位或离岗一年以上重新上岗时，应重新进行车间（工段、区、队）和班组级的安全教育培训。 岗位安全教育培训：日常安全教育培训、定期安全考试和专题安全教育培训

3. 安全培训的组织实施

（1）生产经营单位从业人员的安全培训工作，由生产经营单位组织实施。生产经营单位应当坚持以考促学、以讲促学，确保全体从业人员熟练掌握岗位安全生产知识和技能；煤矿、非煤矿山、危险化学品、烟花爆竹、金属冶炼等生产经营单位还应当完善和落实师傅带徒弟制度。

（2）具备安全培训条件的生产经营单位，应当以<u>自主培训</u>为主；可以委托具备安全培训条件的机构，对从业人员进行安全培训。不具备安全培训条件的生产经营单位，应当委托具备安全培训条件的机构，对从业人员进行安全培训。生产经营单位委托其他机构进行安全培训的，保证安全培训的责任仍由本单位负责。

（3）生产经营单位应当将安全培训工作纳入本单位年度工作计划。保证本单位安全培训工作所需资金。生产经营单位的主要负责人负责组织制定并实施本单位安全培训计划。

（4）生产经营单位应当建立健全从业人员安全生产教育和培训档案，由生产经营单位的安全生产管理机构以及安全生产管理人员详细、准确记录培训的时间、内容、参加人员以及考核结果等情况。

（5）生产经营单位安排从业人员进行安全培训期间，应当支付工资和必要的费用。

4. 对特种作业人员的培训

特种作业的范围 （共11类）	<u>电工作业、焊接与热切割作业、高处作业、制冷与空调作业、煤矿安全作业、金属非金属矿山安全作业、石油天然气安全作业、冶金（有色）生产安全作业、危险化学品安全作业、烟花爆竹安全作业、安全监管部门认定的其他作业</u>

续表

特种作业人员的要求	特种作业人员必须经专门的安全技术培训并考核合格，取得《中华人民共和国特种作业操作证》后，方可上岗作业。 跨省、自治区、直辖市从业的特种作业人员，可以在户籍所在地或者从业所在地参加培训。 特种作业人员应当接受与其所从事的特种作业相应的安全技术理论培训和实际操作培训
特种作业操作证	(1) 特种作业操作证有效期为6年，在全国范围内有效。 (2) 特种作业操作证申请复审或者延期复审前，特种作业人员应当参加必要的安全培训并考试合格。安全培训时间不少于8个学时，主要培训法律、法规、标准、事故案例和有关新工艺、新技术、新装备等知识。 (3) 离岗6个月以上重新进行实际操作考核，经确认合格后方可上岗作业。 (4) 每3年复审1次。特种作业人员在特种作业操作证有效期内，连续从事本工种10年以上，严格遵守有关安全生产法律法规的，经原考核发证机关或者从业所在地考核发证机关同意，特种作业操作证的复审时间可以延长至每6年1次

5. 小结安全培训时间

培训人员企业	煤矿、非煤矿山、危险化学品、烟花爆竹、金属冶炼		其他	
	安全培训（学时）	继续教育（学时）	安全培训（学时）	继续教育（学时）
安全主要负责人、安全生产管理人员	48	16	32	12
新上岗作业人员	72	20	24	—
特种作业	48	8（复审培训）	—	—

问题5：

【解答】

冷却塔施工中存在的危险性较大的分部分项工程包括：

(1) 基坑支护、降水工程。

(2) 土方开挖工程。

(3) 模板工程及支撑体系。

(4) 起重吊装及安装拆卸工程。

(5) 脚手架工程。

(6) 拆除、爆破工程。

细说考点

本案例 5 涉及危险性较大的分部分项工程的判断。解答本题的关键在于对《危险性较大的分部分项工程安全管理规定》（住房城乡建设部令第 37 号）的掌握。根据《危险性较大的分部分项工程安全管理规定》（住房城乡建设部令第 37 号），施工单位应当在危险性较大的分部分项工程施工前组织工程技术人员编制专项施工方案。实行施工总承包的，专项施工方案应当由施工总承包单位组织编制。危险性较大的分部分项工程实行分包的，专项施工方案可以由相关专业分包单位组织编制。专项施工方案应当由施工单位技术负责人审核签字、加盖单位公章，并由总监理工程师审查签字、加盖执业印章后方可实施。危险性较大的分部分项工程实行分包并由分包单位编制专项施工方案的，专项施工方案应当由总承包单位技术负责人及分包单位技术负责人共同审核签字并加盖单位公章。下面将危险性较大的分部分项工程范围与超过一定规模的危险性较大的分部分项工程范围做一个对比表，考生可更为直观的去理解记忆。

分部分项工程	危险性较大的分部分项工程范围	超过一定规模的危险性较大的分部分项工程范围
基坑工程	（1）开挖深度超过 3m（含 3m）的基坑（槽）的土方开挖、支护、降水工程。 （2）开挖深度虽未超过 3m，但地质条件、周围环境和地下管线复杂，或影响毗邻建、构筑物安全的基坑（槽）的土方开挖、支护、降水工程	开挖深度超过 5m（含 5m）的基坑（槽）的土方开挖、支护、降水工程
模板工程及支撑体系	（1）各类工具式模板工程：包括滑模、爬模、飞模、隧道模等工程。 （2）混凝土模板支撑工程：搭设高度 5m 及以上，或搭设跨度 10m 及以上，或施工总荷载（荷载效应基本组合的设计值，以下简称设计值）10kN/m² 及以上，或集中线荷载（设计值）15kN/m 及以上，或高度大于支撑水平投影宽度且相对独立无联系构件的混凝土模板支撑工程。 （3）承重支撑体系：用于钢结构安装等满堂支撑体系	（1）各类工具式模板工程：包括滑模、爬模、飞模、隧道模等工程。 （2）混凝土模板支撑工程：搭设高度 8m 及以上，或搭设跨度 18m 及以上，或施工总荷载（设计值）15kN/m² 及以上，或集中线荷载（设计值）20kN/m 及以上。 （3）承重支撑体系：用于钢结构安装等满堂支撑体系，承受单点集中荷载 7kN 及以上
起重吊装及起重机械安装拆卸工程	（1）采用非常规起重设备、方法，且单件起吊重量在 10kN 及以上的起重吊装工程。 （2）采用起重机械进行安装的工程。 （3）起重机械安装和拆卸工程	（1）采用非常规起重设备、方法，且单件起吊重量在 100kN 及以上的起重吊装工程。 （2）起重量 300kN 及以上，或搭设总高度 200m 及以上，或搭设基础标高在 200m 及以上的起重机械安装和拆卸工程

续表

分部分项工程	危险性较大的分部分项工程范围	超过一定规模的危险性较大的分部分项工程范围
脚手架工程	(1) 搭设高度24m及以上的落地式钢管脚手架工程（包括采光井、电梯井脚手架）。 (2) 附着式升降脚手架工程。 (3) 悬挑式脚手架工程。 (4) 高处作业吊篮。 (5) 卸料平台、操作平台工程。 (6) 异型脚手架工程	(1) 搭设高度50m及以上的落地式钢管脚手架工程。 (2) 提升高度在150m及以上的附着式升降脚手架工程或附着式升降操作平台工程。 (3) 分段架体搭设高度20m及以上的悬挑式脚手架工程
拆除工程	可能影响行人、交通、电力设施、通信设施或其他建、构筑物安全的拆除工程	(1) 码头、桥梁、高架、烟囱、水塔或拆除中容易引起有毒有害气（液）体或粉尘扩散、易燃易爆事故发生的特殊建、构筑物的拆除工程。 (2) 文物保护建筑、优秀历史建筑或历史文化风貌区影响范围内的拆除工程
暗挖工程	采用矿山法、盾构法、顶管法施工的隧道、洞室工程	采用矿山法、盾构法、顶管法施工的隧道、洞室工程
其他	(1) 建筑幕墙安装工程。 (2) 钢结构、网架和索膜结构安装工程。 (3) 人工挖孔桩工程。 (4) 水下作业工程。 (5) 装配式建筑混凝土预制构件安装工程。 (6) 采用新技术、新工艺、新材料、新设备可能影响工程施工安全，尚无国家、行业及地方技术标准的分部分项工程	(1) 施工高度50m及以上的建筑幕墙安装工程。 (2) 跨度36m及以上的钢结构安装工程，或跨度60m及以上的网架和索膜结构安装工程。 (3) 开挖深度16m及以上的人工挖孔桩工程。 (4) 水下作业工程。 (5) 重量1000kN及以上的大型结构整体顶升、平移、转体等施工工艺。 (6) 采用新技术、新工艺、新材料、新设备可能影响工程施工安全，尚无国家、行业及地方技术标准的分部分项工程

【例题二】

J市地铁1号线由该市轨道交通公司负责投资建设及运营。该市K建筑公司作为总承包单位承揽了第3标段的施工任务。该标段包括：采用明挖法施工的304地铁车站1座，采用盾构法施工、长4.5km的40号隧道1条。

J市位于暖温带，夏季潮湿多雨，极端最高温度42℃。工程地质勘查结果显示第3标段的地质条件和水文地质条件复杂。40号隧道工程需穿越耕土层、砂质黏土层和含水的沙砾岩层，并穿越1条宽50m的季节性河流。304地铁车站开挖工程周边为居民区，人口密集，明挖法施工需特别注意边坡稳定、噪声和粉尘飞扬，并监控周边建筑物的位移和沉降。为了确保工程施工安全，K建筑公司对第3标段施工开始了安全评价。

J市轨道交通公司与K建筑公司于2014年5月1日签订施工总承包合同，合同工期2年。K建筑公司将第3标段进行了分包，其中304地铁车站由L公司中标，L公司组建了由甲担任项目经理的项目部。项目部管理人员共25人，于6月2日举行了进场开工仪式。

304地铁车站基坑深度35m，开挖至坑底设计标高后，进行车站底板垫层、防水层的施工，车站主体结构施工期间，模板支架最大高度为7m。施工现场设置了两个钢筋加工区和一个木材加工区。在基坑土方开挖、支护及车站主体结构施工阶段，施工现场使用的大型机械设备包括：门式起重机1台、混凝土泵2台、塔式起重机2台、履带式挖掘机2台、排土运输车辆6辆。施工用混凝土由J市M商品混凝土搅拌站供应。

根据以上场景，回答下列问题：

1. 根据《企业职工伤亡事故分类》GB 6441—1986，辨识304地铁车站土方开挖及基础施工阶段的主要危险有害因素。
2. 简述K建筑公司对L公司进行安全生产管理的主要内容。
3. 安全评价按照实施阶段不同，可分为哪些类型？
4. 简述第3标段的安全评价报告中应提出的安全对策措施。
5. 简述304地铁车站施工期间L公司项目经理甲应履行的安全生产责任。
6. 根据《危险性较大的分部分项工程安全管理规定》，指出304地铁车站工程中需要编制安全专项施工方案的分项工程。
7. 明挖法是修建地铁车站的常用施工方法，明挖法按开挖方式分类，可分为哪些类型？再说明明挖法分类的适用范围。

【解答与细说考点】

问题1：

【解答】

根据《企业职工伤亡事故分类》GB 6441—1986，304地铁车站土方开挖及基础施工阶段的主要危险有害因素：高处坠落，物体打击，机械伤害，火灾，起重伤害，车辆伤害，触电，坍塌，淹溺，噪声，振动，粉尘，高温。

细说考点

本案例问题1考核的是施工过程中的主要危险有害因素。根据《企业职工伤亡事故分类标准》GB 6441—1986，综合考虑起因物、引起事故的诱导性原因、致害物、伤害方式等，将危险因素分为 20 个类别，即物体打击、车辆伤害、机械伤害、起重伤害、触电、淹溺、灼烫、火灾、高处坠落、坍塌、冒顶片帮、透水、放炮、火药爆炸、瓦斯爆炸、锅炉爆炸、容器爆炸、其他爆炸、中毒和窒息、其他伤害。考生根据前述 20 个类别的危险有害因素类型再结合本案例中存在的起因物进行分析回答本题。

本案例中，土方开挖及基础施工阶段的主要危险有害因素：高处坠落，物体打击，机械伤害，火灾，起重伤害，车辆伤害，触电，坍塌，淹溺，噪声，振动，粉尘，高温。

问题 2：

【解答】

K 建筑公司对 L 公司进行安全生产管理的主要内容：

(1) 签订安全生产管理协议；

(2) 负责建立对 L 公司包括评价、选择和管理等全过程的分包管理制度和管理台账并加以实施；

(3) 负责 L 公司的资质审核以及专业技术能力的审查；

(4) 负责组织、实施和监督对 L 公司作业人员的安全教育；

(5) 负责对作业现场的监督和管理。

细说考点

本案例问题 2 考核的是总承包单位对分包单位安全生产管理的内容。《建设工程安全生产管理条例》第二十四条规定，建设工程实行施工总承包的，由总承包单位对施工现场的安全生产负总责。总承包单位应当自行完成建设工程主体结构的施工。总承包单位依法将建设工程分包给其他单位的，分包合同中应当明确各自的安全生产方面的权利、义务。总承包单位和分包单位对分包工程的安全生产承担连带责任。分包单位应当服从总承包单位的安全生产管理，分包单位不服从管理导致生产安全事故的，由分包单位承担主要责任。安全生产管理的内容包括：安全生产管理机构和安全生产管理人员、安全生产责任制、安全生产管理规章制度、安全生产策划、安全培训教育、安全生产档案等。考生再根据背景材料中的相关信息，可写出答案。

问题 3：

【解答】

安全评价按照实施阶段不同，可分为安全预评价、安全验收评价、安全现状评价。

细说考点

本案例问题 3 考核的是安全评价分类。下面将安全评价的相关要点进行讲解。

安全评价的分类（重点）	按照实施阶段的不同分为三类：安全预评价、安全验收评价、安全现状评价。

续表

安全评价的分类（重点）	（1）安全预评价（可行性研究阶段）：在建设项目<u>可行性研究阶段、工业园区规划阶段或生产经营活动组织实施之前</u>，根据相关的基础资料，辨识与分析建设项目、工业园区、生产经营活动潜在的危险、有害因素，确定其与安全生产法律法规、标准、行政规章、规范的符合性，预测发生事故的可能性及其严重程度，提出科学、合理、可行的安全对策措施建议，做出安全评价结论的活动。评价内容主要包括危险及有害因素识别、危险度评价和安全对策措施及建议。 （2）安全验收评价（试运行后，投入生产使用前）：在建设项目竣工后正式生产运行前或工业园区建设完成后，通过检查建设项目安全设施与主体工程同时设计、同时施工、同时投入生产和使用的情况或工业园区内的安全设施、设备、装置投入生产和使用的情况，检查安全生产管理措施到位情况，检查安全生产规章制度健全情况，检查事故应急救援预案建立情况，审查确定建设项目、工业园区建设满足安全生产法律法规、标准、规范要求的符合性，从整体上确定建设项目、工业园区的运行状况和安全管理情况，做出安全验收评价结论的活动。评价程序内容主要包括：前期准备；危险、有害因素辨识；划分评价单元；选择评价方法，定性、定量评价；提出安全管理对策措施及建议；做出安全验收评价结论；编制安全验收评价报告等。 （3）安全现状评价（投入生产使用后）：针对生产经营活动中、工业园区的事故风险、安全管理等情况，辨识与分析其存在的危险、有害因素，审查确定其与安全生产法律法规、规章、标准、规范要求的符合性，预测发生事故或造成职业危害的可能性及其严重程度，提出科学、合理、可行的安全对策措施建议，做出安全现状评价结论的活动。适用于对一个生产经营单位或一个工业园区的评价及某一特定的生产方式、生产工艺、生产装置或作业场所的评价
安全评价的程序（重点）	主要包括：<u>前期准备，辨识与分析危险、有害因素，划分评价单元，定性、定量评价，提出安全对策措施建议，做出安全评价结论，编制安全评价报告</u>
安全评价的内容（重点）	主要内容包括：<u>高度概括评价结果；从风险管理角度给出评价对象在评价时与国家有关安全生产的法律法规、标准、规范的符合性结论；给出事故发生的可能性和严重程度的预测性结论以及采取安全对策措施后的安全状态等</u>
安全验收评价内容	<u>主要包括：危险、有害因素的辨识与分析；符合性评价和危险危害程度的评价；安全对策措施建议；安全验收评价结论等</u>
安全评价方法分类	按照安全评价结果的量化程度，可分为定性安全评价方法和定量安全评价方法。 （1）定性安全评价方法：安全检查表、专家现场询问观察法、因素图分析法、事故引发和发展分析、作业条件危险性评价法（格雷厄姆—金尼法或LEC法）、故障类型和影响分析、危险可操作性研究等。

续表

安全评价方法分类	（2）定量安全评价方法：概率风险评价法、伤害（或破坏）范围评价法和危险指数评价法。 　　按照安全评价的逻辑推理过程，可分为归纳推理评价法和演绎推理评价法。 　　按照安全评价要达到的目的，可分为事故致因因素安全评价方法、危险性分级安全评价方法和事故后果安全评价方法 　　按照评价对象的不同，可分为设备（设施或工艺）故障率评价法、人员失误率评价法、物质系数评价法、系统危险性评价法等
常用的安全评价方法	安全检查表方法、危险指数方法、预先危险分析方法、故障假设分析方法、危险和可操作性研究、故障类型和影响分析、故障树分析、事件树分析、作业条件危险性评价法、定量风险评价方法
安全评价报告	安全预评价报告：全面、概括地反映预评价过程全部工作，文字简洁、准确，提出的资料清楚可靠，论点明确，利于阅读和审查。内容包括：<u>目的；评价依据；概况；危险、有害因素的辨识与分析；评价单元的划分；评价方法的选择；安全对策措施建议；安全评价结论</u>。 　　安全验收评价报告：全面、概括地反映验收评价全部工作，文字简洁、精确，可采用图表和照片，以使评价过程和结论清楚、明确，利于阅读和审查。内容包括：目的；评价依据；概况；危险、有害因素的辨识与分析；评价单元划分；评价方法的选择；安全对策措施建议；评价结论。 　　安全现状评价报告：比预评价报告更详尽、具体，尤其是其中对危险的分析要全面、具体，故整个评价报告的编制，要由懂工艺和操作的专家参与完成。内容包括：目的；评价依据；评价项目概况；危险、有害因素的辨识与分析；评价单元的划分；评价方法；安全对策措施建议；评价结论
安全评价检测检验机构及其从业人员不得有的行为	《安全评价检测检验机构管理办法》第二十二条规定，安全评价检测检验机构及其从业人员不得有下列行为： （1）违反法规标准的规定开展安全评价、检测检验的； （2）不再具备资质条件或者资质过期从事安全评价、检测检验的； （3）超出资质认可业务范围，从事法定的安全评价、检测检验的； （4）出租、出借安全评价检测检验资质证书的； （5）出具虚假或者重大疏漏的安全评价、检测检验报告的； （6）违反有关法规标准规定，更改或者简化安全评价、检测检验程序和相关内容的； （7）专职安全评价师、专业技术人员同时在两个以上安全评价检测检验机构从业的； （8）安全评价项目组组长及负责勘验人员不到现场实际地点开展勘验等有关工作的； （9）承担现场检测检验的人员不到现场实际地点开展设备检测检验等有关工作的；

续表

安全评价检测检验机构及其从业人员不得有的行为	（10）冒用他人名义或者允许他人冒用本人名义在安全评价、检测检验报告和原始记录中签名的； （11）不接受资质认可机关及其下级部门监督抽查的。 本办法所称虚假报告，是指安全评价报告、安全生产检测检验报告内容与当时实际情况严重不符，报告结论定性严重偏离客观实际

问题 4：

【解答】

第 3 标段的安全评价报告中应提出的安全对策措施：

（1）施工过程中工人应该佩戴好安全帽防止物体打击和重物坠落；作业过程中工人涉及登高作业的应该系好安全带，高挂低用，安全带完好无破损；

（2）采用的金属切削工具和木工机械防护罩完好，接地良好；

（3）木工作业现场划分防火区域，采用吸尘设备，并在现场根据《建筑灭火器配置设计规范》GB 50140—2005 配备灭火器；

（4）使用起重机械、挖掘机和运输车辆人员应取得特种设备操作许可证持证上岗，使用的特种设备应状况良好，经过定期检验合格后方可进入现场使用；

（5）固定及临时电气线路及用电设备接线规范，接地良好，根据使用用途及场所使用特定电压，并在直接上级加装漏电保护器；

（6）水下穿越工程作业过程中有坍塌、淹溺的危险，开凿隧道时要固定好支撑顶网和锚杆，防止冒顶片帮和坍塌。对隧道和河道采取监控手段并进行连锁声光报警，当发生隧道顶端出现裂纹、渗水等危险情况，立即撤离；

（7）振动设备应进行降噪处理，设备固定螺栓加装垫片，工作人员配发耳塞；

（8）可能情况下采用湿式作业，降低粉尘，并配发防尘口罩或面罩；

（9）开凿隧道时要对隧道内进行含氧量和有毒气体、易燃易爆气体进行检测。各项指标合格后，在专人监护的情况下，方可作业。进行机械通风；

（10）照明设施良好，不影响作业人员作业；

（11）根据危险有害因素分析评价结果制定专项应急预案，配备应急器材和应急人员。

细说考点

本案例问题 4 考核的是安全对策措施。安全对策措施建议根据综合评价结果，提出相应的对策措施建议，并按照风险程度的高低进行解决方案的排序。

问题 5：

【解答】

304 地铁车站施工期间 L 公司项目经理甲应履行的安全生产责任：

（1）建立、健全 L 公司安全生产责任制；

(2) 组织经理部制定304地铁站施工安全生产规章制度、施工方案、安全技术措施方案和各项作业活动设备操作规程；

(3) 保证安全生产投入的有效实施；

(4) 督促、检查施工过程的安全生产工作，及时消除生产安全事故隐患；

(5) 组织制定并实施地铁站施工过程的生产安全事故应急救援预案；

(6) 发生事故及时、如实报告。

> **细说考点**
>
> 本案例问题5考核的是分包单位项目经理的安全生产责任。《建设工程安全生产管理条例》第二十一条第二款规定，施工单位的项目负责人应当由取得相应执业资格的人员担任，对建设工程项目的安全施工负责，落实安全生产责任制度、安全生产规章制度和操作规程，确保安全生产费用的有效使用，并根据工程的特点组织制定安全施工措施，消除安全事故隐患，及时、如实报告生产安全事故。

问题6：

【解答】

根据《危险性较大的分部分项工程安全管理规定》，304地铁车站工程中需要编制安全专项施工方案的分项工程：

(1) 基坑支护、降水工程；

(2) 土方开挖工程；

(3) 模板工程及支撑体系；

(4) 起重吊装及安装拆卸工程；

(5) 脚手架工程；

(6) 拆除、爆破工程；

(7) 其他。

> **细说考点**
>
> 本案例问题6考核的是需要编制安全施工方案的分项工程。解答本题的关键在于对《危险性较大的分部分项工程安全管理规定》的掌握。危险性较大的分部分项工程及超过一定规模的危险性较大的分部分项工程范围已经进行了讲解，这里讲解专项施工方案的编制、审批及论证。
>
> | | |
> |---|---|
> | 编制单位 | 施工单位应当在危险性较大的分部分项工程施工前编制专项方案，实行施工总承包的建筑工程，专项方案应当由施工总承包单位组织编制。其中，起重机械安装拆卸工程、深基坑工程、附着式升降脚手架等专业工程实行分包的，其专项方案可由专业承包单位组织编制 |
> | 专项方案编制内容 | 工程概况；编制依据；施工计划；施工工艺技术；施工安全保证措施；劳动力计划；计算书及相关图纸 |

续表

审批流程	施工单位技术部门组织本单位施工技术、安全、质量等部门的专业技术人员对编制的专项施工方案进行审核。经审核合格后，由施工单位技术负责人签字。实行施工总承包的，专项方案应当由总承包单位技术负责人及相关专业承包单位技术负责人签字。不需专家论证的专项方案，经施工单位审核合格后报监理单位，由项目总监理工程师审核签字
专家论证	（1）超过一定规模的危险性较大的分部分项工程专项方案应当由施工单位组织召开专家论证会。实行施工总承包的，由施工总承包单位组织召开专家论证会。 （2）专家论证会的参会人员：专家组成员；建设单位项目负责人或技术负责人；监理单位项目总监理工程师及相关人员；施工单位分管安全的负责人、技术负责人、项目负责人、项目技术负责人、专项方案编制人员、项目专职安全生产管理人员；勘察、设计单位项目技术负责人及相关人员。其中，专家组成员应满足的条件：<u>诚实守信、作风正派、学术严谨</u>；从事专业工作15年以上或具有丰富的专业经验；具有高级专业技术职称。 （3）专家组成员应当由 <u>5 名</u>及以上符合相关专业要求的专家组成，本项目参建各方的人员不得以专家身份参加专家论证会。 ①专家论证的主要内容：专项方案内容是否完整、可行；专项方案计算书和验算依据是否符合有关标准规范；安全施工的基本条件是否满足现场实际情况。 ②专项方案经论证后，专家组应当提交论证报告，对论证的内容提出明确的意见，并在论证报告上签字，该报告作为专项方案修改完善的指导意见
方案管理与执行检查	（1）施工单位应当根据论证报告修改完善专项方案，并经施工单位技术负责人、项目总监理工程师、建设单位项目负责人签字后，方可组织实施。实行施工总承包的，应当由施工总承包单位、相关专业承包单位技术负责人签字。 （2）专项方案经论证后需做重大修改的，施工单位应当按照论证报告修改，并重新组织专家进行论证。 （3）专项方案实施前，编制人员或项目技术负责人应当向现场管理人员和作业人员进行安全技术交底。 （4）施工单位应当指定专人对专项方案实施情况进行现场监督和按规定进行监测。发现不按照专项方案施工的，应当要求其立即整改；发现有危及人身安全紧急情况的，应当立即组织作业人员撤离危险区域。施工单位技术负责人应当定期巡查专项方案实施情况。 （5）监理单位应当对专项方案实施情况进行现场监理；对不按专项方案实施的，<u>应当责令整改</u>，施工单位拒不整改的，应当及时向建设单位报告；建设单位接到监理单位报告后，应当立即责令施工单位停工整改；施工单位仍不停工整改的，建设单位应当及时向住房城乡建设主管部门报告。

续表

方案管理与执行检查	（6）建设单位未按规定提供危险性较大的分部分项工程清单和安全管理措施，未责令施工单位停工整改的，未向住房城乡建设主管部门报告的；施工单位未按规定编制、实施专项方案的；监理单位未按规定审核专项方案或未对危险性较大的分部分项工程实施监理的，住房城乡建设主管部门应当依据有关法律法规予以处罚

问题7：

【解答】

明挖法按开挖方式分为放坡明挖和不放坡明挖两种。放坡明挖法主要适用于埋深较浅、地下水位较低的城郊地段，边坡通常进行坡面防护、锚喷支护或土钉墙支护。不放坡明挖是指在围护结构内开挖，主要适用于场地狭窄及地下水丰富的软弱围岩地区。

细说考点

本案例问题7考核的是明挖法施工。在地铁施工中，若场地开阔、建筑物稀少、交通及环境允许时，应优先采用施工速度快且造价较低的明挖法施工。

在地面建筑物少、拆迁少、地表干扰小的地区修建浅埋地下工程通常采用明挖法。明挖法按开挖方式分为放坡明挖和不放坡明挖两种。放坡明挖法主要适用于埋深较浅、地下水位较低的城郊地段，边坡通常进行坡面防护、锚喷支护或土钉墙支护。不放坡明挖是指在围护结构内开挖，主要适用于场地狭窄及地下水丰富的软弱围岩地区。围护结构形式主要有地下连续墙、人工挖孔桩、钻孔灌注桩、钻孔咬合桩、SMW工法桩、工字钢桩和钢板桩等。

明挖法是修建地铁车站的常用施工方法，具有施工作业面多、速度快、工期短、易保证工程质量、工程造价低等优点，缺点是对周围环境影响较大。因此，在地面交通和环境条件允许的地方，应尽可能采用。

考点2 重大危险源

【例题】

××年8月2日，A省B市某大学生公寓楼施工过程中，因使用汽油代替二甲苯作为稀释剂，调配过程中发生爆燃，造成5人死亡，1人受伤。

B市某大学生公寓楼工程由某建工集团某建筑公司承建。××年8月2日晚上加班，在调配聚氨酯底层防水涂料时，使用汽油替代二甲苯作为稀释剂，调配过程中发生爆燃，引燃室内堆放着的防水（易燃）材料，造成火灾并产生有毒烟雾，致使5人中毒窒息死亡，1人受伤。

事故原因分析如下：

1. 技术方面

调制油漆、防水涂料等作业应准备专门作业房间或作业场所，保持通风良好，作业人员佩戴防护用品，房间内备有灭火器材，预先清除各种易燃物品，并制定相应的操作规程。

此工地作业人员在堆放易燃材料附近，使用易挥发的汽油，未采取任何必要措施，违章作业导致发生火灾，是本次事故的直接原因。

2. 管理方面

该施工单位对工程进入装修阶段和使用易燃材料施工，没有制定相关的安全管理措施，也未配有专业人员对作业环境进行检查和配备必要的消防器材，以致导致火险后未能及时采取援救措施，最终导致火灾。

作业人员未经培训交底，没有掌握相关知识，由于违章作业无人制止导致发生火灾。

事故结论与教训如下：

1. 事故主要原因

本次事故主要是由于施工单位违章操作，在有明火的作业场所使用汽油引起的火灾事故。在安全管理与安全教育上失误，施工区与宿舍区没有进行隔离且存放大量易燃材料无人制止，重大隐患导致了重大事故。

2. 事故性质

本次事故属于责任事故。由于该企业片面强调经济效益，忽视安全管理，既没有制定相应的安全技术措施，也没有对作业现场环境进行检查和配备必需的防护用品、灭火器材，盲目施工导致发生火灾事故。

3. 主要责任

（1）施工项目负责人事前不编制方案、不进行作业环境检查，对施工人员不进行交底、不作危险告之，以致违章作业造成事故，且没有灭火器材自救导致严重损失，应负直接领导责任。

（2）施工企业主要负责人平时不注重抓企业管理和对作业环境不进行检查，导致基层违章指挥、违章作业，负有主要领导责任。

根据以上场景，回答下列问题：

1. 此类事故的预防对策包括哪些？
2. 什么是重大危险源？
3. 危险化学品火灾、爆炸事故的预防措施包括哪些？
4. 根据《危险化学品重大危险源监督管理暂行规定》，重大危险源有哪些情形的，应当委托具有相应资质的安全评价机构，按照有关标准的规定采用定量风险评价方法进行安全评估，确定个人和社会风险值？
5. 根据《危险化学品重大危险源辨识》GB 18218—2018，单元内存在的危险化学品的数量根据危险化学品种类的多少区分为哪两种情况？
6. 建筑业易发多发的事故类型包括哪些？

【解答与细说考点】

问题1：

【解答】

此类事故的预防对策包括：

（1）施工前应编制安全技术措施。

《中华人民共和国建筑法》和《建设工程安全生产管理条例》都有明确规定，对危险性大的作业项目应编制分项施工方案和安全技术措施，要对作业环境进行勘察了解，按照施工工艺对施工过程中可能发生的各种危险，预先采取有效措施加以防止，并准备必要的救护器材防止事故延伸扩大。

（2）先培训后上岗。

对使用危险品的人员，必须学习储存、使用、运输等相关知识和规定，经考核合格后上岗，在具体施工操作前，需根据实际情况进行安全技术交底，并教会其使用救护器材，较大的施工工程应配有专业消防人员进行检查指导。

（3）落实各级责任制。

对于危险品的使用除应配备专业人员外，还应建立各级责任制度，并有针对性地进行检查，使这一工作切实从思想上、组织上及措施上落实。

> **细说考点**
>
> 本案例问题1考核的是事故预防措施。此类事故预防措施可以从安全技术措施、员工安全生产教育培训、安全生产责任制的落实等方面进行预防。

问题2：

【解答】

《中华人民共和国安全生产法》规定，重大危险源，是指长期地或者临时地生产、搬运、使用或者储存危险物品，且危险物品的数量等于或者超过临界量的单元（包括场所和设施）。

> **细说考点**
>
> 本案例问题2考核的是重大危险源概念。下面将危险化学品重大危险源管理的相关要点进行讲解。

	概念	《中华人民共和国安全生产法》规定，重大危险源，是指长期地或者临时地生产、搬运、使用或者储存危险物品，且危险物品的数量等于或者超过临界量的单元（包括场所和设施）
重大危险源的辨识指标	生产单元、储存单元内存在危险化学品的辨识	《危险化学品重大危险源辨识》GB 18218—2018规定，<u>生产单元、储存单元内存在危险化学品的数量等于或超过规定的临界量</u>，即被定为重大危险源。单元内存在的危险化学品的数量根据危险化学品种类的多少区分为以下两种情况： （1）生产单元、储存单元内存在的危险化学品为单一品种时，该危险化学品的数量即为单元内危险化学品的总量，若<u>等于或超过相应的临界量，则定为重大危险源</u>。 （2）生产单元、储存单元内存在的危险化学品为<u>多品种</u>时，<u>按下式计算，若满足下式</u>，则定为重大危险源：

续表

重大危险源的辨识指标	生产单元、储存单元内存在危险化学品的辨识	$$S = q_1/Q_1 + q_2/Q_2 + \cdots + q_n/Q_n \geq 1$$ 式中： S——辨识指标； $q_1, q_2, \cdots\cdots, q_n$——每种危险化学品的实际存在量，单位为吨（t）； $Q_1, Q_2, \cdots\cdots, Q_n$——与每种危险化学品相对应的临界量，单位为吨（t）
	危险化学品储罐以及其他容器、设备或仓储区的危险化学品的辨识	《危险化学品重大危险源辨识》GB 18218—2018 规定，危险化学品储罐以及其他容器、设备或仓储区的危险化学品的<u>实际存在量按设计最大量确定</u>
	对于危险化学品混合物的辨识	《危险化学品重大危险源辨识》GB 18218—2018 规定，对于危险化学品混合物，如果混合物与其纯物质属于相同危险类别，则视混合物为纯物质，按混合物整体进行计算。如果混合物与其纯物质不属于相同危险类别，则应按新危险类别考虑其临界量
危险化学品重大危险源的辨识流程		危险化学品重大危险源的辨识流程图

续表

重大危险源评估	根据《危险化学品重大危险源监督管理暂行规定》的规定： （1）危险化学品单位应当对重大危险源进行安全评估并确定重大危险源等级。危险化学品单位可以组织本单位的注册安全工程师、技术人员或者聘请有关专家进行安全评估，也可以委托具有相应资质的安全评价机构进行安全评估。依照法律、行政法规的规定，危险化学品单位需要进行安全评价的，重大危险源安全评估可以与本单位的安全评价一起进行，以安全评价报告代替安全评估报告，也可以单独进行重大危险源安全评估。重大危险源根据其危险程度，分为一级、二级、三级和四级，一级为最高级别。 （2）重大危险源有下列情形之一的，应当委托具有相应资质的安全评价机构，按照有关标准的规定采用定量风险评价方法进行安全评估，确定个人和社会风险值： ①构成一级或者二级重大危险源，且毒性气体实际存在（在线）量与其在《危险化学品重大危险源辨识》中规定的临界量比值之和大于或等于1的； ②构成一级重大危险源，且爆炸品或液化易燃气体实际存在（在线）量与其在《危险化学品重大危险源辨识》中规定的临界量比值之和大于或等于1的。 （3）重大危险源安全评估报告应当客观公正、数据准确、内容完整、结论明确、措施可行，并包括下列内容：评估的主要依据；重大危险源的基本情况；事故发生的可能性及危害程度；个人风险和社会风险值（仅适用定量风险评价方法）；可能受事故影响的周边场所、人员情况；重大危险源辨识、分级的符合性分析；安全管理措施、安全技术和监控措施；事故应急措施；评估结论与建议。 （4）有下列情形之一的，危险化学品单位应当对重大危险源重新进行辨识、安全评估及分级：重大危险源安全评估已满三年的；构成重大危险源的装置、设施或者场所进行新建、改建、扩建的；危险化学品种类、数量、生产、使用工艺或者储存方式及重要设备、设施等发生变化，影响重大危险源级别或者风险程度的；外界生产安全环境因素发生变化，影响重大危险源级别和风险程度的；发生危险化学品事故造成人员死亡，或者10人以上受伤，或者影响到公共安全的；有关重大危险源辨识和安全评估的国家标准、行业标准发生变化的。 （5）危险化学品单位应当根据构成重大危险源的危险化学品种类、数量、生产、使用工艺（方式）或者相关设备、设施等实际情况，按照下列要求建立健全安全监测监控体系，完善控制

续表

重大危险源评估	措施：①重大危险源配备温度、压力、液位、流量、组分等信息的不间断采集和监测系统以及可燃气体和有毒有害气体泄漏检测报警装置，并具备信息远传、连续记录、事故预警、信息存储等功能；一级或者二级重大危险源，具备紧急停车功能。记录的电子数据的保存时间不少于30天；②重大危险源的化工生产装置装备满足安全生产要求的自动化控制系统；一级或者二级重大危险源，装备紧急停车系统；③对重大危险源中的毒性气体、剧毒液体和易燃气体等重点设施，设置紧急切断装置；毒性气体的设施，设置泄漏物紧急处置装置。涉及毒性气体、液化气体、剧毒液体的一级或者二级重大危险源，配备独立的安全仪表系统（SIS）；④重大危险源中储存剧毒物质的场所或者设施，设置视频监控系统；⑤安全监测监控系统符合国家标准或者行业标准的规定。 （6）危险化学品单位应当制定重大危险源事故应急预案演练计划，并按照下列要求进行事故应急预案演练：对重大危险源专项应急预案，每年至少进行一次；对重大危险源现场处置方案，每半年至少进行一次。 应急预案演练结束后，危险化学品单位应当对应急预案演练效果进行评估，撰写应急预案演练评估报告，分析存在的问题，对应急预案提出修订意见，并及时修订完善。 （7）危险化学品单位应当对辨识确认的重大危险源及时、逐项进行登记建档。重大危险源档案应当包括下列文件、资料：辨识、分级记录；重大危险源基本特征表；涉及的所有化学品安全技术说明书；区域位置图、平面布置图、工艺流程图和主要设备一览表；重大危险源安全管理规章制度及安全操作规程；安全监测监控系统、措施说明、检测、检验结果；重大危险源事故应急预案、评审意见、演练计划和评估报告；安全评估报告或者安全评价报告；重大危险源关键装置、重点部位的责任人、责任机构名称；重大危险源场所安全警示标志的设置情况；其他文件、资料

问题3：

【解答】

危险化学品火灾、爆炸事故的预防措施包括：

（1）防止燃烧、爆炸系统的形成。

预防措施包括：替代；密闭；惰性气体保护；通风置换；安全监测及连锁。

（2）消除点火源。

预防措施包括：控制明火和高温表面；防止摩擦和撞击产生火花；火灾爆炸危险场所采用防爆电气设备避免电气火花。

（3）限制火灾、爆炸蔓延扩散。

预防措施包括：阻火装置、防爆泄压装置及防火防爆分隔等。防止危险化学品爆炸事故再次发生，可以采取风险评价、危险源辨识及安装安全监控系统等措施。

> **细说考点**
>
> 本案例问题3考核的是危险化学品火灾、爆炸事故的预防措施。属于直接记忆类型的考点，考生直接记忆即可。

问题4：

【解答】

根据《危险化学品重大危险源监督管理暂行规定》，重大危险源有下列情形之一的，应当委托具有相应资质的安全评价机构，按照有关标准的规定采用定量风险评价方法进行安全评估，确定个人和社会风险值：

（1）构成一级或者二级重大危险源，且毒性气体实际存在（在线）量与其在《危险化学品重大危险源辨识》中规定的临界量比值之和大于或等于1的；

（2）构成一级重大危险源，且爆炸品或液化易燃气体实际存在（在线）量与其在《危险化学品重大危险源辨识》中规定的临界量比值之和大于或等于1的。

> **细说考点**
>
> 本案例问题4考核的是重大危险源评估。本题可根据《危险化学品重大危险源监督管理暂行规定》第九条规定进行回答。

问题5：

【解答】

根据《危险化学品重大危险源辨识》GB 18218—2018，单元内存在的危险化学品的数量根据危险化学品种类的多少区分为以下两种情况：

（1）生产单元、储存单元内存在的危险化学品为单一品种时，该危险化学品的数量即为单元内危险化学品的总量，若等于或超过相应的临界量，则定为重大危险源。

（2）生产单元、储存单元内存在的危险化学品为多品种时，按下式计算，若满足下式，则定为重大危险源：

$$S = q_1/Q_1 + q_2/Q_2 + \cdots + q_n/Q_n \geqslant 1$$

式中：　　　　S——辨识指标；

$q_1, q_2, \cdots\cdots, q_n$——每种危险化学品的实际存在量，单位为吨（t）；

$Q_1, Q_2, \cdots\cdots, Q_n$——与每种危险化学品相对应的临界量，单位为吨（t）。

> **细说考点**
>
> 本案例问题5考核的是重大危险源的辨识指标。本题可根据《危险化学品重大危险源辨识》GB 18218—2018 第4.2.1条规定进行回答。

问题6：

【解答】

建筑业易发多发的事故类型包括：高处坠落、物体打击、触电、机械伤害、坍塌。

细说考点

本案例问题6考核的是建筑业易发多发的事故类型。高处坠落、物体打击、触电、机械伤害、坍塌为建筑业易发多发的事故类型。前述五类事故发生的主要部位就是建筑施工中的危险源，具体内容见建筑施工中危险源辨识图。

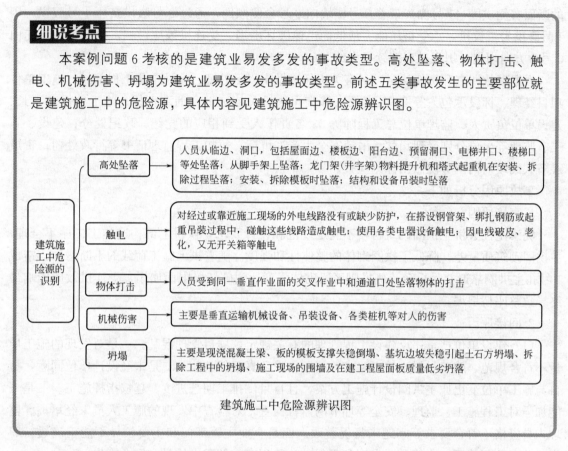

建筑施工中危险源辨识图

专题二 安全生产事故隐患、控制及治理

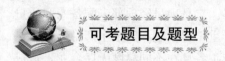

考点 安全生产事故隐患、控制及治理

【例题一】

××年8月13日，A省B县堤溪沱江大桥在施工过程中发生坍塌事故，造成64人死亡、4人重伤、18人轻伤，直接经济损失3974.7万元。堤溪沱江大桥全长328.45m，桥面宽13m，桥墩高33m，设39/6纵坡，桥型为4孔65m跨径等截面悬链线空腹式无拱桥，且为连拱石桥。

××年8月13日，堤溪沱江大桥施工现场7支施工队、15名施工人员正在进行1～3号孔主拱圈支架拆除和桥面砌石、填平等作业。施工过程中，随着拱上荷载的不断增加，1号孔拱圈受力较大的多个断面逐渐接近和达到极限强度，出现开裂、掉渣，接着掉下石块。最先达到完全破坏状态的0号桥台侧2号腹拱下方的主拱断面裂缝不断张大下沉，下沉量最大的断面右侧拱段（1号侧）带着2号横墙向0号台侧倾倒，通过2号腹拱挤压1号腹拱，因1号腹拱为三铰拱，承受挤压能力最低而迅速破坏坍塌。受连拱效应影响，整个大桥迅速向0号台方向坍塌，坍塌过程持续了大约30s。

根据事故调查和责任认定，对有关责任方做出以下处理：建设单位工程部长、施工单位项目经理、标段承包人等24名责任人移交司法机关依法追究刑事责任；施工单位董事长、建设单位负责人、监理单位总工程师等33名责任人受到相应的党纪、政纪处分；建设、施工、监理等单位分别受到罚款、吊销安全生产许可证、暂扣工程监理证书等行政处罚；责成A省人民政府向国务院做出深刻检查。

事故原因分析如下：

1.直接原因

堤溪沱江大桥主拱圈砌筑材料不满足规范和设计要求，拱桥上部构造施工工序不合理，主拱圈砌筑质量差，降低了拱圈砌体的整体性和强度。随着拱上施工荷载的不断增加，造成1号孔主拱圈靠近0号桥台一侧拱脚区段砌体强度达到破坏极限而崩塌，受连拱效应影响最终导致整座桥坍塌。

2.间接原因

（1）建设单位严重违反建设工程管理的有关规定，项目管理混乱。一是对发现的施工质量不符合规范、施工材料不符合要求等问题，未认真督促整改。二是未经设计单位同意，擅自与施工单位变更原主拱圈设计施工方案，且盲目倒排工期赶进度、越权指挥施工。三是未能加强对工程施工、监理、安全等环节的监督检查，对检查中发现的施工人员未经培训、监理人员资格不符合要求等问题未督促整改。四是企业主管部门和主要领导不能正确履行职责，疏于监督管理，未能及时发现和督促整改工程存在的重大质量和安全隐患。

（2）施工单位严重违反有关桥梁建设的法律法规及技术标准，施工质量控制不力，现场管理混乱。一是项目经理部未经设计单位同意，擅自与业主单位商议变更原主拱圈施工方案，并且未严格按照设计要求的主拱圈砌筑方式进行施工。二是项目经理部未配备专职质量监督员和安全员，未认真落实整改监理单位多次指出的严重工程质量和安全生产隐患；主拱圈施工不符合设计和规范要求的质量问题突出；主拱圈施工各环在不同温度无序合龙，造成拱圈内产生附加的永存的温度应力，削弱了拱圈强度。三是项目经理部为抢工期，连续施工主拱、横墙腹拱、侧墙，在主拱圈未达到设计强度的情况下就开始落架施工作业，降低了砌体的整体性和强度。四是项目经理部技术力量薄弱，现场管理混乱。五是项目经理部的直属上级单位未按规定履行质量和安全管理职责。六是施工单位对工程施工安全质量工作监管不力。

（3）监理单位违反有关规定，未能依法履行工程监理职责。一是现场监理对施工单位擅自变更原主拱圈施工方案，未予以坚决制止。在主拱圈施工关键阶段，监理人员投入不足，有关监理人员对发现施工质量问题督促整改不力。不仅未向有关主管部门报告，还在主拱圈砌筑完成但拱圈强度资料尚未测出的情况下，即在验收质检表、检验申请批复单、施工过程质检记录表上签字验收合格。二是对现场监理管理不力。派驻现场的技术人员不足，半数监理人员不具备执业资格。对驻场监理人员频繁更换，不能保证大桥监理工作的连续性。

（4）承担设计和勘查任务的设计院，工作不到位。一是违规将地质勘查项目分包给个人。二是前期地质勘查工作不细，设计深度不够。三是施工现场设计服务不到位，设计交底不够。

（5）有关主管部门和监管部门对该工程的质量监管严重失职、指导不力。一是当地质量监督部门工作严重失职，未制订质量监督计划，未落实重点工程质量监督责任人。对施工方、监理方从业人员培训和上岗资格情况监督不力，对发现的重大质量和安全隐患，未依法责令停工整改，也未向有关主管部门报告。二是省质量监督部门对当地质量监督部门业务工作监督指导不力，对工程建设中存在的管理混乱、施工质量差、存在安全隐患等问题失察。

（6）州、县两级政府和有关部门及省有关部门对工程建设立项审批、招投标、质量和安全生产等方面的工作监管不力，对下属单位要求不严，管理不到位。一是当地交通主管部门违规办理工程建设项目在申报、立项期间的手续和相关文件。二是该县政府在解决工程征迁问题、保障施工措施不力，致使工期拖延，开工后为赶进度，压缩工期。三是当地政府在工程建设项目立项审批过程中，违反基本建设程序和招投标法的规定。对工程建设项目多次严重阻工、拖延工期及施工保护措施督促解决不力，盲目赶工期，又对后期实施工作监督检查不到位。四是违规批准项目开工报告；对省质监站、公路局管理不力，督促检查不到位；对工程建设中存在的重大质量和安全隐患失察。

根据以上场景，回答下列问题：
1. 简述此次大桥坍塌事故的教训。
2. 根据《安全生产事故隐患排查治理暂行规定》，事故隐患的分类包括哪些？
3. 根据《安全生产事故隐患排查治理暂行规定》，生产经营单位应当每季、每年对本单位事故隐患排查治理情况进行统计分析，对于重大事故隐患，生产经营单位依照规定报送外，应当及时向安全监管监察部门和有关部门报告。重大事故隐患报告内容应当包括哪些？
4. 根据《安全生产事故隐患排查治理暂行规定》，事故隐患排查治理中的紧急处置措施包括哪些？

【解答与细说考点】
问题1：
【解答】
此次大桥坍塌事故的教训：
（1）有法不依、监管不力。地方政府有关部门、建设、施工、监理、设计单位都没有严格按照《中华人民共和国建筑法》、《建设工程安全生产管理条例》等有关法规的要求进行建设施工。主要表现在施工单位管理混乱、建设单位抢工期、监理单位未履行监理职责、勘察设计单位技术服务不到位、政府主管部门安全和质量监管不力等。
（2）忽视安全、质量工作，玩忽职守。与工程建设相关的地方政府有关部门、建设、施工、监理、设计等单位的主要领导安全和质量法制意识淡薄，在安全和质量工作中严重失职，安全和质量责任不落实。

> **细说考点**
>
> 本案例问题 1 考核的是此次事故教训的总结。本次事故教训可从监管、安全、质量、施工等方面去总结。

问题 2：
【解答】
根据《安全生产事故隐患排查治理暂行规定》，事故隐患分为一般事故隐患和重大事故隐患。一般事故隐患，是指危害和整改难度较小，发现后能够立即整改排除的隐患。重大事故隐患，是指危害和整改难度较大，应当全部或者局部停产停业，并经过一定时间整改治理方能排除的隐患，或者因外部因素影响致使生产经营单位自身难以排除的隐患。

> **细说考点**
>
> 本案例问题 2 考核的是事故隐患的分级。下面将事故隐患的相关要点进行小结。
>
> | | |
> |---|---|
> | 概念 | 根据《安全生产事故隐患排查治理暂行规定》，安全生产事故隐患（以下简称事故隐患），是指生产经营单位违反安全生产法律、法规、规章、标准、规程和安全生产管理制度的规定，或者因其他因素在生产经营活动中存在可能导致事故发生的物的危险状态、人的不安全行为和管理上的缺陷 |
> | 分级 | 根据《安全生产事故隐患排查治理暂行规定》，事故隐患分为一般事故隐患和重大事故隐患。
(1) <u>一般事故隐患</u>，是指危害和整改难度较小，发现后能够立即整改排除的隐患。
(2) <u>重大事故隐患</u>，是指危害和整改难度较大，应当全部或者局部停产停业，并经过一定时间整改治理方能排除的隐患，或者因外部因素影响致使生产经营单位自身难以排除的隐患 |
> | 事故隐患排查治理制度 | 根据《安全生产事故隐患排查治理暂行规定》，<u>生产经营单位应当建立健全事故隐患排查治理制度</u>。生产经营单位主要负责人对本单位事故隐患排查治理工作全面负责 |
> | 生产经营单位的职责 | 根据《安全生产事故隐患排查治理暂行规定》：
(1) 生产经营单位应当依照法律、法规、规章、标准和规程的要求从事生产经营活动。严禁非法从事生产经营活动。
(2) <u>生产经营单位是事故隐患排查、治理和防控的责任主体</u>。
(3) 生产经营单位应当建立健全事故隐患排查治理和建档监控等制度，逐级建立并落实从主要负责人到每个从业人员的隐患排查治理和监控责任制。 |

续表

生产经营单位的职责	(4) <u>生产经营单位应当保证事故隐患排查治理所需的资金，建立资金使用专项制度。</u> (5) 生产经营单位应当定期组织安全生产管理人员、工程技术人员和其他相关人员排查本单位的事故隐患。对排查出的事故隐患，应当按照事故隐患的等级进行登记，建立事故隐患信息档案，并按照职责分工实施监控治理。 (6) <u>生产经营单位应当建立事故隐患报告和举报奖励制度，鼓励、发动职工发现和排除事故隐患，鼓励社会公众举报。</u>对发现、排除和举报事故隐患有功的人员，应当给予物质奖励和表彰。 (7) 生产经营单位将生产经营项目、场所、设备发包、出租的，<u>应当与承包、承租单位签订安全生产管理协议，并在协议中明确各方对事故隐患排查、治理和防控的管理职责。</u>生产经营单位对承包、承租单位的事故隐患排查治理负有统一协调和监督管理的职责。 (8) 安全监管监察部门和有关部门的监督检查人员依法履行事故隐患监督检查职责时，生产经营单位应当积极配合，不得拒绝和阻挠。 (9) 生产经营单位应当每季、每年对本单位事故隐患排查治理情况进行统计分析，并分别于<u>下一季度 15 日前和下一年 1 月 31 日前</u>向安全监管监察部门和有关部门报送书面统计分析表。统计分析表应当由生产经营单位主要负责人签字。对于重大事故隐患，生产经营单位除依照前款规定报送外，应当及时向安全监管监察部门和有关部门报告。<u>重大事故隐患报告内容应当包括：①隐患的现状及其产生原因；②隐患的危害程度和整改难易程度分析；③隐患的治理方案。</u> (10) 对于一般事故隐患，由生产经营单位（车间、分厂、区队等）负责人或者有关人员立即组织整改。对于重大事故隐患，由生产经营单位主要负责人组织制定并实施事故隐患治理方案。<u>重大事故隐患治理方案应当包括以下内容：①治理的目标和任务；②采取的方法和措施；③经费和物资的落实；④负责治理的机构和人员；⑤治理的时限和要求；⑥安全措施和应急预案。</u> (11) 生产经营单位在事故隐患治理过程中，应当采取相应的安全防范措施，防止事故发生。<u>事故隐患排除前或者排除过程中无法保证安全的，应当从危险区域内撤出作业人员，并疏散可能危及的其他人员，设置警戒标志，暂时停产停业或者停止使用；对暂时难以停产或者停止使用的相关生产储存装置、设施、设备，应当加强维护和保养，防止事故发生</u>
重大事故隐患治理的监督检查	根据《安全生产事故隐患排查治理暂行规定》： (1) 安全监管监察部门应当指导、监督生产经营单位按照有关法律、法规、规章、标准和规程的要求，建立健全事故隐患排查治理等各项制度。

续表

重大事故隐患治理的监督检查	（2）<u>安全监管监察部门应当建立事故隐患排查治理监督检查制度，定期组织对生产经营单位事故隐患排查治理情况开展监督检查；应当加强对重点单位的事故隐患排查治理情况的监督检查</u>。对检查过程中发现的重大事故隐患，应当下达整改指令书，并建立信息管理台账。必要时，报告同级人民政府并对重大事故隐患实行挂牌督办。安全监管监察部门应当配合有关部门做好对生产经营单位事故隐患排查治理情况开展的监督检查，依法查处事故隐患排查治理的非法和违法行为及其责任者。安全监管监察部门发现属于其他有关部门职责范围内的重大事故隐患的，应该及时将有关资料移送有管辖权的有关部门，并记录备查。 （3）已经取得安全生产许可证的生产经营单位，在其被挂牌督办的重大事故隐患治理结束前，安全监管监察部门应当加强监督检查。必要时，可以提请原许可证颁发机关依法暂扣其安全生产许可证。 （4）安全监管监察部门应当会同有关部门把重大事故隐患整改纳入重点行业领域的安全专项整治中加以治理，落实相应责任。 （5）<u>对挂牌督办并采取全部或者局部停产停业治理的重大事故隐患，安全监管监察部门收到生产经营单位恢复生产的申请报告后，应当在10日内进行现场审查</u>。审查合格的，对事故隐患进行核销，同意恢复生产经营；审查不合格的，依法责令改正或者下达停产整改指令。对整改无望或者生产经营单位拒不执行整改指令的，依法实施行政处罚；不具备安全生产条件的，依法提请县级以上人民政府按照国务院规定的权限予以关闭。 （6）安全监管监察部门应当每季将本行政区域重大事故隐患的排查治理情况和统计分析表逐级报至省级安全监管监察部门备案。省级安全监管监察部门应当每半年将本行政区域重大事故隐患的排查治理情况和统计分析表报应急管理部备案
生产经营单位违反规定的处罚	根据《安全生产事故隐患排查治理暂行规定》，生产经营单位违反本规定，有下列行为之一的，由安全监管监察部门给予警告，并处三万元以下的罚款： （1）未建立安全生产事故隐患排查治理等各项制度的； （2）未按规定上报事故隐患排查治理统计分析表的； （3）未制定事故隐患治理方案的； （4）重大事故隐患不报或者未及时报告的； （5）未对事故隐患进行排查治理擅自生产经营的； （6）整改不合格或者未经安全监管监察部门审查同意擅自恢复生产经营的

问题3：

【解答】

根据《安全生产事故隐患排查治理暂行规定》，生产经营单位应当每季、每年对本单位事故隐患排查治理情况进行统计分析，对于重大事故隐患，生产经营单位依照规定报送外，应当及时向安全监管监察部门和有关部门报告。重大事故隐患报告内容应当包括：

（1）隐患的现状及其产生原因；

（2）隐患的危害程度和整改难易程度分析；

（3）隐患的治理方案。

> **细说考点**
>
> 本案例问题3考核的是重大事故隐患报告。重大事故隐患报告属于生产经营单位的职责之一，需要考生掌握。

问题4：

【解答】

根据《安全生产事故隐患排查治理暂行规定》，生产经营单位在事故隐患治理过程中，应当采取相应的安全防范措施，防止事故发生。事故隐患排除前或者排除过程中无法保证安全的，应当从危险区域内撤出作业人员，并疏散可能危及的其他人员，设置警戒标志，暂时停产停业或者停止使用；对暂时难以停产或者停止使用的相关生产储存装置、设施、设备，应当加强维护和保养，防止事故发生。

> **细说考点**
>
> 本案例问题4考核的是事故隐患排查治理中的紧急处置。本考点属于安全生产案例分析中的重要考点，考生要牢记。

【例题二】

××年7月27日上午7时40分左右，某车站正在进行的底板钢筋绑扎完成，需要将位于基坑1号块底板的电焊机运送到地面，起重指挥工遂用对讲机指挥塔式起重机驾驶员将起重吊钩移落到电焊机位置，准备起吊。起重吊钩移落到电焊机位置后，附近的2名钢筋工将电焊机上的钢丝绳索挂上吊钩，然后示意地面上的指挥工可以起吊。指挥工据此用对讲机指挥塔式起重机驾驶员起吊电焊机。在电焊机上升距底板3m左右时，电焊机的焊把线挂住了底板钢筋网。见此情形，先前吊挂电焊机的一名钢筋工冒险进入电焊机下方，想把挂住的焊把线拉开，此时，电焊机上的钢丝绳索突然滑脱，电焊机坠落，击中该钢筋工头部和肩部，致其当场重伤倒地，后经120救护人员证实身亡。

事故原因分析如下：

1. 直接原因

（1）电焊机上的钢丝绳索不符合要求，在起吊过程中绳卡夹头松脱，导致电焊机坠落。

(2) 受害者缺乏自我保护意识，在不具备司索工资质的条件下进行电焊机吊挂，且未遵守起重操作规程，在电焊机起吊过程中走到起吊物下方作业，被坠落的电焊机打击导致死亡。

2.间接原因

(1) 在没有确保起吊物钢丝绳捆绑符合安全规定的情况下，指挥工盲目指挥起吊。

(2) 安全检查不到位，未能及时发现钢丝绳索具存在安全隐患，无人制止违章作业行为。

(3) 安全教育不到位，作业人员安全意识淡薄，严重违反起重作业操作规程。

(4) 安全管理松懈，司索工无证上岗作业。

根据以上场景，回答下列问题：

1.此次事故应当吸取的教训包括哪些？

2.安全生产检查分类方法有哪些类型？

3.安全生产检查的工作程序包括哪些？

4.根据《安全生产事故隐患排查治理暂行规定》，什么是安全生产事故隐患？对于重大事故隐患，由生产经营单位主要负责人组织制定并实施事故隐患治理方案。重大事故隐患治理方案应当包括哪些内容？

5.根据《安全生产事故隐患排查治理暂行规定》，生产经营单位的职责包括哪些？

【解答与细说考点】

问题1：

【解答】

此次事故应当吸取的教训包括：

(1) 加强安全教育的有效性和针对性。从事调查的情况来看，受害者、塔式起重机驾驶员、司索指挥工的安全教育和安全技术交底等手续完备。在此情况下，依然发生了因违章操作导致的死亡事故，说明安全教育的有效性和针对性有待加强。操作规程是血的教训的总结，同时应落实班前安全活动，进行经常性的安全教育，告知作业人员应知应会，提高作业人员的安全意识和基本安全技能。

(2) 加强特种作业及特种作业人员管理。本次事故当中的受害者作为钢筋工却从事了需经特种作业培训考核后才可进行的司索作业，实质上构成了无证上岗。在施工过程中，必须聘请足够数量的特种作业人员持证上岗。在上岗前，应当组织特种作业人员学习岗位职责，并对其业务水平进行考核，不符合岗位职责要求的应清退出场。

(3) 落实安全检查制度。应将安全检查做细、做实，提高检查人员的责任心和业务水平，落实定期检查、日常巡查、专项检查等安全检查制度。重点施工作业内容必须安排安全管理人员现场监督管理，发现安全隐患立即进行处理。

> **细说考点**
>
> 本案例问题1考核的是事故预防措施。此类事故预防措施可以从企业员工安全生产教育培训、特种作业及特种作业人员管理、安全检查制度等方面进行预防。

问题2：
【解答】
安全生产检查分类方法有如下类型：
(1) 定期安全生产检查；
(2) 经常性安全生产检查：包括交接班检查、班中检查、特殊检查等几种形式；
(3) 季节性及节假日前后安全生产检查；
(4) 专业（项）安全生产检查；
(5) 综合性安全生产检查；
(6) 职工代表不定期对安全生产的巡查。

细说考点

本案例问题2考核的是安全生产检查的类型。下面将安全生产检查的类型进行讲解。

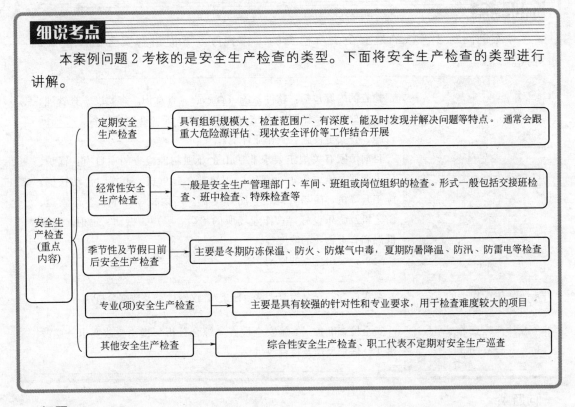

问题3：
【解答】
安全生产检查的工作程序包括：
(1) 安全检查准备。
①确定检查对象、目的、任务；②查阅、掌握有关法规、标准、规程的要求；③了解检查对象的工艺流程、生产情况、可能出现危险和危害的情况；④制定检查计划，安排检查内容、方法、步骤；⑤编写安全检查表或检查提纲；⑥准备必要的检测工具、仪器、书写表格或记录本；⑦挑选和训练检查人员并进行必要的分工等。
(2) 实施安全检查。
实施安全检查就是通过访谈、查阅文件和记录、现场观察、仪器测量的方式获取信息。
(3) 综合分析。

经现场检查和数据分析后,检查人员应对检查情况进行综合分析,提出检查的结论和意见。

(4) 提出整改要求。

对于安全检查发现的问题,提出立即整改、限期整改的措施要求。

(5) 整改落实。

从管理的高度,制定整改计划并积极落实整改。

(6) 信息反馈及持续改进。

整改措施完成后,应及时上报整改完成情况,申请复查或验收。

> **细说考点**
>
> 本案例问题 3 考核的是安全生产检查的工作程序。下面讲解安全生产检查的要点。
>
> | | |
> |---|---|
> | 安全生产检查的内容 | 检查的内容包括:<u>软件系统(查思想、查意识、查制度、查管理、查事故处理、查隐患、查整改)和硬件系统(查生产设备、查辅助设施、查安全设施、查作业环境)</u>。
目前国家有关规定要求非矿山企业强制性检查的项目有:锅炉、压力容器、压力管道、高压医用氧舱、起重机、电梯、自动扶梯、施工升降机、简易升降机、防爆电器、厂内机动车辆、客运索道、游艺机及游乐设施等;作业场所的粉尘、噪声、振动、辐射、高温低温和有毒物质的浓度等。
要求:突出重点的原则 |
> | 安全生产检查的方法 | 常规检查;安全检查表法(SCL);仪器检查及数据分析法 |
> | 安全生产检查的工作程序
(6 步) | 安全检查准备→实施安全检查→综合分析→提出整改要求→整改落实→信息反馈及持续改进 |

问题 4:

【解答】

根据《安全生产事故隐患排查治理暂行规定》,安全生产事故隐患(以下简称事故隐患),是指生产经营单位违反安全生产法律、法规、规章、标准、规程和安全生产管理制度的规定,或者因其他因素在生产经营活动中存在可能导致事故发生的物的危险状态、人的不安全行为和管理上的缺陷。

对于重大事故隐患,由生产经营单位主要负责人组织制定并实施事故隐患治理方案。重大事故隐患治理方案应当包括以下内容:

(1) 治理的目标和任务;

(2) 采取的方法和措施;

(3) 经费和物资的落实;

(4) 负责治理的机构和人员；

(5) 治理的时限和要求；

(6) 安全措施和应急预案。

> **细说考点**
>
> 本案例问题4考核的是安全生产事故隐患的概念、重大事故隐患治理方案内容。本题解答的关键是考生对《安全生产事故隐患排查治理暂行规定》的熟悉程度。本题考生可根据《安全生产事故隐患排查治理暂行规定》第三条及第十五条规定进行解答。

问题5：

【解答】

根据《安全生产事故隐患排查治理暂行规定》，生产经营单位的职责包括：

(1) 生产经营单位应当依照法律、法规、规章、标准和规程的要求从事生产经营活动。严禁非法从事生产经营活动。

(2) 生产经营单位是事故隐患排查、治理和防控的责任主体。

(3) 生产经营单位应当建立健全事故隐患排查治理和建档监控等制度，逐级建立并落实从主要负责人到每个从业人员的隐患排查治理和监控责任制。

(4) 生产经营单位应当保证事故隐患排查治理所需的资金，建立资金使用专项制度。

(5) 生产经营单位应当定期组织安全生产管理人员、工程技术人员和其他相关人员排查本单位的事故隐患。对排查出的事故隐患，应当按照事故隐患的等级进行登记，建立事故隐患信息档案，并按照职责分工实施监控治理。

(6) 生产经营单位应当建立事故隐患报告和举报奖励制度，鼓励、发动职工发现和排除事故隐患，鼓励社会公众举报。对发现、排除和举报事故隐患的有功人员，应当给予物质奖励和表彰。

(7) 生产经营单位将生产经营项目、场所、设备发包、出租的，应当与承包、承租单位签订安全生产管理协议，并在协议中明确各方对事故隐患排查、治理和防控的管理职责。生产经营单位对承包、承租单位的事故隐患排查治理负有统一协调和监督管理的职责。

(8) 安全监管监察部门和有关部门的监督检查人员依法履行事故隐患监督检查职责时，生产经营单位应当积极配合，不得拒绝和阻挠。

(9) 生产经营单位应当每季、每年对本单位事故隐患排查治理情况进行统计分析，并分别于下一季度15日前和下一年1月31日前向安全监管监察部门和有关部门报送书面统计分析表。统计分析表应当由生产经营单位主要负责人签字。对于重大事故隐患，生产经营单位除依照前款规定报送外，应当及时向安全监管监察部门和有关部门报告。重大事故隐患报告内容应当包括：①隐患的现状及其产生原因；②隐患的危害程度和整改难易程度分析；③隐患的治理方案。

(10) 对于一般事故隐患，由生产经营单位（车间、分厂、区队等）负责人或者有关人员立即组织整改。对于重大事故隐患,由生产经营单位主要负责人组织制定并实施事故隐患治理方案。

(11) 生产经营单位在事故隐患治理过程中,应当采取相应的安全防范措施,防止事故发生。事故隐患排除前或者排除过程中无法保证安全的,应当从危险区域内撤出作业人员,并疏散可能危及的其他人员,设置警戒标志,暂时停产停业或者停止使用;对暂时难以停产或者停止使用的相关生产储存装置、设施、设备,应当加强维护和保养,防止事故发生。

(12) 生产经营单位应当加强对自然灾害的预防。对于因自然灾害可能导致事故灾难的隐患,应当按照有关法律、法规、标准和本规定的要求排查治理,采取可靠的预防措施,制定应急预案。在接到有关自然灾害预报时,应当及时向下属单位发出预警通知;发生自然灾害可能危及生产经营单位和人员安全的情况时,应当采取撤离人员、停止作业、加强监测等安全措施,并及时向当地人民政府及其有关部门报告。

(13) 地方人民政府或者安全监管监察部门及有关部门挂牌督办并责令全部或者局部停产停业治理的重大事故隐患,治理工作结束后,有条件的生产经营单位应当组织本单位的技术人员和专家对重大事故隐患的治理情况进行评估;其他生产经营单位应当委托具备相应资质的安全评价机构对重大事故隐患的治理情况进行评估。经治理后符合安全生产条件的,生产经营单位应当向安全监管监察部门和有关部门提出恢复生产的书面申请,经安全监管监察部门和有关部门审查同意后,方可恢复生产经营。申请报告应当包括治理方案的内容、项目和安全评价机构出具的评价报告等。

> **细说考点**
>
> 本案例问题5考核的是生产经营单位的职责。回答本题的依据是《安全生产事故隐患排查治理暂行规定》,该规定中第七条~第十八条为生产经营单位的职责,需要考生牢记。

专题三 应急预案及安全生产事故分析

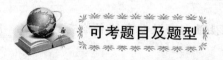

考点1 应急预案

【例题一】

总部位于A省的某集团公司在B省有甲、乙、丙三家下属企业,为加强和规范应急管理工作,该集团公司委托某咨询公司编制应急救援预案,咨询公司通过调查、分析集团公司及下属企业的安全生产风险,完成了应急救援预案的起草工作,提交给集团公司会议上进行评审。

评审时，集团公司领导的意见是：(1) 集团公司和甲、乙、丙三家企业的应急救援预案在应急组织指挥结构上应保持一致。(2) 集团公司有自己的职工医院和消防队，应急救援时伤员救治要依靠职工医院，抢险要依靠集团公司的消防队。(3) 周边居民安全疏散，应由集团公司通知地方政府有关部门，由地方政府组织实施。(4) 应急救援预案中因部分内容涉及集团公司商业秘密，应急救援预案不对企业全体员工和外界公开，只传达到各企业中层以上干部。应急救援预案要报 A 省安全生产监督管理部门备案。

近期，该集团公司完成了一套应急救援预案的演练计划，该计划设计的演练内容为：(1) 打开液氨储罐阀门，将液氨排到储罐的围堰内；(2) 参演人员在规定的时间内关闭阀门，将围堰内的液氨进行安全处置；(3) 救出模拟中毒人员。

××年3月6日，集团公司在甲企业进行了应急救援实战演练，演练地点设在甲企业的液氨储罐区，为保障参演人员、控制人员和观摩人员的安全，集团公司事先调来乙企业全部空气呼吸器、防毒面具、防爆性无线对讲机和检测仪器，同时调来集团公司消防队的所有水罐车、泡沫车和职工医院的救护车辆。演练从 10 点钟开始，按照事先制订的演练计划进行，10 点 20 分氨气扩散到厂区外，由于演练前未组织周边群众撤离，扩散的氨气导致 2 名群众中毒，10 点 30 分，抢救完中毒群众后，演练继续按计划进行。

根据以上场景，回答下列问题：

1. 指出应急救援预案评审时，针对集团公司领导意见中的不妥之处，说明正确的做法。
2. 指出本案的应急救援演练中存在的问题。
3. 结合本案，简述事故应急救援的基本任务。

【解答与细说考点】

问题 1：

【解答】

应急救援预案评审时，集团公司领导意见中的不妥之处有以下几点：

(1) "伤员救治依靠职工医院，抢险依靠集团公司消防队"不符合实际情况，该集团位于 A 省，而下属三家企业位于 B 省，集团公司的职工医院和消防队在应急救援时远水不解近渴，三家企业应就近和当地的医院、消防队签订救援协议。

(2) 应急救援预案只传达到各企业中层以上干部不正确，预案应告知全体员工。

(3) "应急救援预案只报 A 省安全生产监督管理部门备案"不妥，应急救援预案不仅要报 A 省安全生产监督管理部门备案，还应报 B 省备案。

(4) "周边居民安全疏散由集团公司通知地方政府有关部门"不妥，应由发生事故企业直接通知地方政府或直接通知周边群众。

> **细说考点**
>
> 本案例问题 1 考核的是应急救援预案的评审、备案。下面讲解应急救援预案的评审、备案。

1. 应急救援预案的评审

安全生产监督管理部门预案的评审	《生产安全事故应急预案管理办法》第二十条规定，地方各级安全生产监督管理部门应当组织有关专家对本部门编制的部门应急预案进行审定；必要时，可以召开听证会，听取社会有关方面的意见
生产经营单位预案的评审	《生产安全事故应急预案管理办法》第二十一条规定，矿山、金属冶炼、建筑施工企业和易燃易爆物品、危险化学品的生产、经营（带储存设施的，下同）、储存企业，以及使用危险化学品达到国家规定数量的化工企业、烟花爆竹生产、批发经营企业和中型规模以上的其他生产经营单位，应当对本单位编制的应急预案进行评审，并形成书面评审纪要。 前款规定以外的其他生产经营单位应当对本单位编制的应急预案进行论证
评审的要求	《生产安全事故应急预案管理办法》第二十二条规定，参加应急预案评审的人员应当包括有关安全生产及应急管理方面的专家。评审人员与所评审应急预案的生产经营单位有利害关系的，<u>应当回避</u>。 第二十三条规定，应急预案的评审或者论证应当<u>注重基本要素的完整性、组织体系的合理性、应急处置程序和措施的针对性、应急保障措施的可行性、应急预案的衔接性</u>等内容。 第二十四条规定，生产经营单位的应急预案经评审或者论证后，由本单位主要负责人签署公布，并及时发放到本单位有关部门、岗位和相关应急救援队伍。事故风险可能影响周边其他单位、人员的，生产经营单位应当将有关事故风险的性质、影响范围和应急防范措施告知周边的其他单位和人员

2. 应急预案的备案

政府部门预案的备案	《生产安全事故应急预案管理办法》第二十五条规定，地方各级安全生产监督管理部门的应急预案，应当报同级人民政府备案，并抄送上一级安全生产监督管理部门。 其他负有安全生产监督管理职责的部门的应急预案，应当抄送同级安全生产监督管理部门。
生产经营单位预案的备案	《生产安全事故应急预案管理办法》第二十六条规定，生产经营单位应当在应急预案公布之日起<u>20个工作日内</u>，按照分级属地原则，向安全生产监督管理部门和有关部门进行告知性备案。 中央企业总部（上市公司）的应急预案，报国务院主管的负有安全生产监督管理职责的部门备案，并抄送应急管理部；其所属单位的应急预案报所在地的省、自治区、直辖市或者设区的市级人民政府主管的负有安全生产监督管理职责的部门备案，并抄送同级安全生产监督管理部门。

	续表
生产经营单位预案的备案	前款规定以外的非煤矿山、金属冶炼和危险化学品生产、经营、储存企业，以及使用危险化学品达到国家规定数量的化工企业、烟花爆竹生产、批发经营企业的应急预案，按照隶属关系报所在地县级以上地方人民政府安全生产监督管理部门备案；其他生产经营单位应急预案的备案，由省、自治区、直辖市人民政府负有安全生产监督管理职责的部门确定。 油气输送管道运营单位的应急预案，除按照本条第一款、第二款的规定备案外，还应当抄送所跨行政区域的县级安全生产监督管理部门。 煤矿企业的应急预案除按照本条第一款、第二款的规定备案外，还应当抄送所在地的煤矿安全监察机构
生产经营单位申请备案的材料	《生产安全事故应急预案管理办法》第二十七条规定，生产经营单位申报应急预案备案，应当提交下列材料： (1) 应急预案备案申报表； (2) 应急预案评审或者论证意见； (3) 应急预案文本及电子文档； (4) 风险评估结果和应急资源调查清单
安全生产监督管理部门的备案审查	《生产安全事故应急预案管理办法》第二十八条规定，受理备案登记的负有安全生产监督管理职责的部门应当在5个工作日内对应急预案材料进行核对，材料齐全的，应当予以备案并出具应急预案备案登记表；材料不齐全的，不予备案并一次性告知需要补齐的材料。逾期不予备案又不说明理由的，视为已经备案。 对于实行安全生产许可的生产经营单位，已经进行应急预案备案的，在申请安全生产许可证时，可以不提供相应的应急预案，仅提供应急预案备案登记表

问题2：

【解答】

本案应急救援演练中存在的问题主要有：

(1) 演练地点设在甲企业的液氨储罐区不正确，应远离生产及储存区，不应设在可能造成事故的区域。

(2) 调来所有的救援器材和消防车辆不正确，根据演练要求配足即可。

(3) 演练时使用真的氨气是不正确的，应使用无毒的替代品。

(4) 本次应急救援演练未及时通知周边群众。

(5) 出现2名群众中毒时，未立即终止演练。

> **细说考点**
>
> 本案例问题 2 考核的是应急救援演练。本题的答题要点：(1) 应急救援演练的场地应当有足够的空间，良好的交通、生活、卫生和安全条件，尽量避免干扰公众生产生活；(2) 根据需要，准备必要的演练材料、物资和器材，制作必要的模型设施等；(3) 出现特殊或意外情况，短时间内不能妥善处理或解决时，可提前终止演练；(4) 演练时应使用无毒的替代品，以防造成真正的危险；(5) 应急救援演练应及时通知周边群众。

问题 3：

【解答】

事故应急救援的基本任务有：

(1) 立即组织营救受害人员，组织撤离或者采取其他措施保护危害区域内的其他人员。抢救受害人员是应急救援的首要任务。在应急救援行动中，快速、有序、有效地实施现场急救与安全转送伤员，是降低伤亡率、减少事故损失的关键。

(2) 迅速控制事态，并对事故造成的危害进行检测、监测，测定事故的危害区域、危害性质及危害程度。及时控制住造成事故的危险源是应急救援工作的重要任务。

(3) 消除危害后果，做好现场恢复。针对事故对人体、动植物、土壤、空气等造成的现实危害和可能的危害，迅速采取封闭、隔离、洗消、监测等措施，防止对人的继续危害和对环境的污染。及时清理废墟和恢复基本设施，将事故现场恢复至相对稳定的状态。

(4) 查清事故原因，评估危害程度。事故发生后应及时调查事故的发生原因和事故性质，评估出事故的危害范围和危险程度，查明人员伤亡情况，做好事故原因调查，并总结救援工作中的经验和教训。

> **细说考点**
>
> 本案例问题 3 考核的是事故应急救援的基本任务。下面讲解事故应急管理体系建设的相关要点。
>
> | | |
> |---|---|
> | 事故应急救援的基本任务 | 立即组织营救受害人员；速控制事态；除危害后果，做好现场恢复；清事故原因，评估危害程度 |
> | 事故应急救援的特点 | 不确定性、突发性，应急活动的复杂性，后果、影响易猝变、激化、放大 |
> | 事故应急管理阶段 | 包括预防（低成本、高效率的预防措施是减少事故损失的关键）、准备（为有效应对突发事件而事先采取的各种措施）、响应（在突发事件发生以后所进行的各种紧急处置和救援工作）和恢复（短期恢复和长期恢复）4 个阶段。 |

续表

事故应急管理阶段	《突发事件应对法》第四十九条规定，<u>自然灾害、事故灾难或者公共卫生事件发生后，履行统一领导职责的人民政府可以采取下列一项或者多项应急处置措施</u>：（1）组织营救和救治受害人员，疏散、撤离并妥善安置受到威胁的人员以及采取其他救助措施；（2）迅速控制危险源，标明危险区域，封锁危险场所，划定警戒区，实行交通管制以及其他控制措施；（3）立即抢修被损坏的交通、通信、供水、排水、供电、供气、供热等公共设施，向受到危害的人员提供避难场所和生活必需品，实施医疗救护和卫生防疫以及其他保障措施；（4）禁止或者限制使用有关设备、设施，关闭或者限制使用有关场所，中止人员密集的活动或者可能导致危害扩大的生产经营活动以及采取其他保护措施；（5）启用本级人民政府设置的财政预备费和储备的应急救援物资，必要时调用其他急需物资、设备、设施、工具；（6）组织公民参加应急救援和处置工作，要求具有特定专长的人员提供服务；（7）保障食品、饮用水、燃料等基本生活必需品的供应；（8）依法从严惩处囤积居奇、哄抬物价、制假售假等扰乱市场秩序的行为，稳定市场价格，维护市场秩序；（9）依法从严惩处哄抢财物、干扰破坏应急处置工作等扰乱社会秩序的行为，维护社会治安；（10）采取防止发生次生、衍生事件的必要措施。
事故应急管理体系构建	（1）组织体制：管理机构、功能部门、应急指挥、救援队伍。 （2）运作机制：<u>统一指挥、分级响应、属地为主、公众动员</u>。 （3）法制基础：法律、条例、政府令、标准。 （4）保障系统：信息通信、物资装备、人力资源、经费财务
事故应急管理体系建设原则	<u>统一领导，分级管理；条块结合，属地为主；统筹规划，合理布局；依托现有，资源共享；一专多能，平战结合</u>；功能实用，技术先进；整体设计，分步实施
事故应急响应机制	典型的响应级别通常分为 3 级，包括一级紧急情况（做出主要决定的职责通常是紧急事务管理部门）、二级紧急情况（需成立现场指挥部指导救援）、三级紧急情况
事故应急救援响应程序	可分为接警、响应级别确定、应急启动、救援行动、应急恢复和应急结束等

【例题二】

"上午十点，项目部架子工在施工现场进行脚手架搭设施工，不慎从支架上'坠落'，随着'嘭'的一声，立即有人大喊'有人摔下来了，快去救人！'"××年4月24日，这样"惊险"的一幕出现在 A 市 B 区中城苑安置小区项目部，所幸，这只是一场高处坠落伤人事故应急救援预案演练。

为了提高安全事故应急能力，验证事故应急预案的可执行性，检验和提高救援队伍的熟练程度及实际技能,确保一旦发生事故能有效地按照项目部预定的方案实施,迅速及时有效地救助伤员,最大限度地减少事故伤害和降低财产损失,A市B区住房和城乡建设局、某财产保险股份有限公司、某建筑公司联合组织实施了此次事故应急救援预案演练。

在进行了简短的启动仪式后,高处坠落应急救援演练正式开始。接到险情的同时,项目部负责人立即启动项目部高处坠落应急救援预案,应急领导小组成员和各救援队伍即刻赶往事发现场展开救援。演练现场,救援组对伤员进行初步包扎;治安保卫、疏散保通组在灾情现场拉起警戒带,并在交通路口安排了人员导向,确保了现场秩序;通信联络组保证了现场联络的畅通;突发事件新闻处置组记录救援过程……经过15分钟左右的奋战,高处坠落应急救援演练圆满完成。

根据以上场景,回答下列问题:

1. 根据《生产经营单位生产安全事故应急预案编制导则》GB/T 29639—2013,生产经营单位应急预案编制程序包括哪些?
2. 根据《生产经营单位生产安全事故应急预案编制导则》GB/T 29639—2013,简述生产经营单位的应急预案体系。
3. 简述事故应急预案编制的基本要求。
4. 通常,完整的应急预案主要包括哪些方面的内容?
5. 应急演练的原则包括哪些?

【解答与细说考点】

问题1:

【解答】

《生产经营单位生产安全事故应急预案编制导则》GB/T 29639—2013,生产经营单位应急预案编制程序包括:

(1) 成立应急预案编制工作组;
(2) 资料收集;
(3) 风险评估;
(4) 应急能力评估;
(5) 编制应急预案;
(6) 应急预案评审。

细说考点

本案例问题1考核的是生产经营单位应急预案编制程序。在安全生产事故案例分析考试中,关于事故应急预案的编制要点考查的可能性很大,因此是考生需要掌握的内容。下面将事故应急预案编制的要点进行讲解。

事故应急预案体系	综合应急预案	综合应急预案是生产经营单位应急预案体系的总纲,主要从总体上阐述事故的应急工作原则,包括生产经营单位的应急组织机构及职责、应急预案体系、事故风险描述、预警及信息报告、应急响应、保障措施、应急预案管理等内容

续表

事故应急预案体系	专项应急预案	专项应急预案是生产经营单位为应对某一类型或某几种类型事故，或者针对重要生产设施、重大危险源、重大活动等内容而制定的应急预案。专项应急预案主要包括事故风险分析、应急指挥机构及职责、处置程序和措施等内容
	现场处置方案	现场处置方案是生产经营单位根据不同事故类别，针对具体的场所、装置或设施所制定的应急处置措施，主要包括事故风险分析、应急工作职责、应急处置和注意事项等内容。生产经营单位应根据风险评估、岗位操作规程以及危险性控制措施，组织本单位现场作业人员及相关专业人员共同进行编制现场处置方案
事故应急预案编制的基本要求		《生产安全事故应急预案管理办法》规定，应急预案的编制应当遵循以人为本、依法依规、符合实际、注重实效的原则，以应急处置为核心，明确应急职责、规范应急程序、细化保障措施。 应急预案的编制应当符合下列基本要求：（1）有关法律、法规、规章和标准的规定；（2）本地区、本部门、本单位的安全生产实际情况；（3）本地区、本部门、本单位的危险性分析情况；（4）应急组织和人员的职责分工明确，并有具体的落实措施；（5）有明确、具体的应急程序和处置措施，并与其应急能力相适应；（6）有明确的应急保障措施，满足本地区、本部门、本单位的应急工作需要；（7）应急预案基本要素齐全、完整，应急预案附件提供的信息准确；（8）应急预案内容与相关应急预案相互衔接
事故应急预案编制程序		《生产经营单位生产安全事故应急预案编制导则》GB/T 29639—2013规定，生产经营单位编制应急预案包括成立应急预案编制工作组、资料收集、风险评估、应急能力评估、编制应急预案和应急预案评审6个步骤
事故应急预案基本结构		基本预案；应急功能设置；特殊风险管理——专项预案；标准操作程序——现场处置预案；支持附件
事故应急预案主要内容（重要考点）		（1）应急预案概况：主要描述生产经营单位概况以及危险特性状况。 （2）事故预防：危险分析包括危险识别、脆弱性分析和风险分析；资源分析；法律法规要求是开展应急救援工作的重要前提保障。 （3）准备程序：机构与职责；应急资源；教育、培训与演习；互助协议。

193

	续表
事故应急预案 主要内容（重点考点）	（4）应急程序（12级要素）：接警与通知、指挥与控制、警报和紧急公告、通信、事态监测与评估、警戒与治安、人群疏散与安置、医疗与卫生、公共关系、应急人员安全、抢险与救援、危险物质控制。 （5）现场恢复：<u>包括宣布应急结束的程序；撤离和交接程序；恢复正常状态的程序；现场清理和受影响区域的连续检测；事故调查与后果评价等。</u> （6）预案管理与评审改进：评审分为内部评审和外部评审

问题2：
【解答】
《生产经营单位生产安全事故应急预案编制导则》GB/T 29639—2013，生产经营单位的应急预案体系主要由综合应急预案、专项应急预案和现场处置方案构成。

细说考点
本案例问题2考核的是生产经营单位的应急预案体系构成。生产经营单位的应急预案体系包括综合应急预案、专项应急预案和现场处置方案。

问题3：
【解答】
《生产安全事故应急预案管理办法》第八条规定，应急预案的编制应当符合下列基本要求：
（1）有关法律、法规、规章和标准的规定；
（2）本地区、本部门、本单位的安全生产实际情况；
（3）本地区、本部门、本单位的危险性分析情况；
（4）应急组织和人员的职责分工明确，并有具体的落实措施；
（5）有明确、具体的应急程序和处置措施，并与其应急能力相适应；
（6）有明确的应急保障措施，满足本地区、本部门、本单位的应急工作需要；
（7）应急预案基本要素齐全、完整，应急预案附件提供的信息准确；
（8）应急预案内容与相关应急预案相互衔接。

细说考点
本案例问题3考核的是应急预案的编制要求。应急预案的编制要求包括八项内容，考生要牢记，重复考查的概率很大。

问题4：
【解答】
通常，完整的应急预案主要包括以下六个方面的内容：

(1) 应急预案概况；
(2) 事故预防；
(3) 准备程序；
(4) 应急程序；
(5) 现场恢复；
(6) 预案管理与评审改进。

> **细说考点**
>
> 本案例问题 4 考核的是应急预案的内容。应急预案主要包括应急预案概况、事故预防、准备程序、应急程序、现场恢复、预案管理与评审改进六个方面的内容。这六个方面的内容相互之间既相对独立，又紧密联系，从应急的方针、策划、准备、响应、恢复到预案的管理与评审改进，形成了一个有机联系并持续改进的体系结构。

问题 5：
【解答】
应急演练的原则包括：
(1) 结合实际、合理定位。
(2) 着眼实战、讲求实效。
(3) 精心组织、确保安全
(4) 统筹规划、厉行节约

> **细说考点**
>
> 本案例问题 5 考核的是应急演练的原则。下面讲解应急预案演练的相关要点。

应急演练目的	检验预案、完善准备、锻炼队伍、磨合机制、科普宣教
应急演练原则	结合实际、合理定位；着眼实战、讲求实效；精心组织、确保安全；统筹规划、厉行节约
应急演练的类型	按照组织方式及目标重点的不同，可以分为桌面演练和实战等。 按照演练内容，可以分为单项演练和综合演练两类。 按照演练目的与作用，可以分为检验性演练、示范性演练和研究性演练
应急演练的组织与实施	包括计划、准备、实施、评估总结和改进五个阶段。 (1) 计划阶段：梳理需求（确定演练目的、分析演练需求、确定演练范围）；明确任务；编制计划；计划审批。 (2) 准备：成立演练组织机构（演练领导小组、策划部、保障部、评估组、参演队伍和人员）；确定演练目标；演练情景事件设计；演练流程设计；技术保障方案设计；评估标准和方法选择；编写演练方案文件；方案审批；落实各项保障工作（做好人员、经费、场地、物资器材、技术和安全方面的保障工作）；培训；预演。

续表

应急演练的组织与实施	（3）实施：演练前检查；演练前情况说明和动员；演练启动；演练执行（实战演练、桌面演练、演练解说、演练记录、演练宣传报道）；演练结束与意外终止；现场点评会。 （4）评估总结：评估；总结报告（召开演练评估总结会议；编写演练总结报告：内容包括演练目的，时间和地点，参演单位和人员，演练方案概要，发现的问题与原因，经验和教训，以及改进有关工作的建议、改进计划、落实改进责任和时限等。）文件归档与备案。 （5）改进：改进行动；跟踪检查与反馈
生产经营单位的应急预案演练	生产经营单位应当制定本单位的应急预案演练计划，根据本单位的事故风险特点，每年至少组织一次综合应急预案演练或者专项应急预案演练，每半年至少组织一次现场处置方案演练。应急预案演练结束后，应急预案演练组织单位应当对应急预案演练效果进行评估，撰写应急预案演练评估报告，分析存在的问题，并对应急预案提出修订意见
应急预案的修订	《生产安全事故应急预案管理办法》规定，应急预案编制单位应当建立应急预案定期评估制度，对预案内容的针对性和实用性进行分析，并对应急预案是否需要修订作出结论。 矿山、金属冶炼、建筑施工企业和易燃易爆物品、危险化学品等危险物品的生产、经营、储存企业、使用危险化学品达到国家规定数量的化工企业、烟花爆竹生产、批发经营企业和中型规模以上的其他生产经营单位，应当每3年进行一次应急预案评估。 应急预案评估可以邀请相关专业机构或者有关专家、有实际应急救援工作经验的人员参加，必要时可以委托安全生产技术服务机构实施。 有下列情形之一的，应急预案应当及时修订并归档： （1）依据的法律、法规、规章、标准及上位预案中的有关规定发生重大变化的； （2）应急指挥机构及其职责发生调整的； （3）面临的事故风险发生重大变化的； （4）重要应急资源发生重大变化的； （5）预案中的其他重要信息发生变化的； （6）在应急演练和事故应急救援中发现问题需要修订的； （7）编制单位认为应当修订的其他情况
紧急疏散、撤离应包括的内容（重点内容）	（1）疏散决策的依据和疏散决策的做出； （2）疏散工作的组织； （3）事故现场人员清点，撤离的方式、方法；

续表

紧急疏散、撤离应包括的内容（重点内容）	（4）非事故现场人员撤离的方式、方法； （5）周边区域的单位、社区人员疏散的方式、方法； （6）各种情况下的疏散路线和疏散距离； （7）疏散运输工具（必要时）； （8）抢救人员在撤离前、撤离后的报告； （9）安全庇护场所及生活安置（必要时）

考点2　安全生产事故分析

【例题】

A公司为汽车零部件生产企业，2017年营业收入15亿元。公司3♯厂房主体为拱形顶钢结构，顶棚采用夹芯彩钢板，燃烧性能等级为B_2级。2018年年初，公司决定全面更换3♯厂房顶棚夹芯彩钢板，将其燃烧性能等级提高到B_1级。

2018年5月15日，A公司委托具有相应资质的B企业承接3♯厂房顶棚夹芯彩钢板更换工程，要求在30个工作日内完成。施工前双方签订了安全管理协议，明确了各自的安全管理职责。

5月18日8时，B企业作业人员进入现场施工，搭建了移动式脚手架，脚手架作业面距地面8m。施工作业过程中，B企业临时雇佣5名作业人员参与现场作业。

当天15时30分，移动式脚手架踏板与脚手架之间的挂钩突然脱开，导致踏板脱落，随即脚手架倒塌，造成脚手架上3名作业人员坠落地面，地面10名作业人员被脱落的踏板、倒塌的脚手架砸伤。

事故导致10人重伤、3人轻伤。事故经济损失包括：医疗费用及歇工工资390万元，现场抢救及清理费用30万元，财产损失费用50万元，停产损失1210万元，事故罚款70万元。

事故调查发现，移动式脚手架踏板与脚手架之间的挂钩未可靠连接；脚手架上的作业人员虽佩戴了劳动防护用品，但未正确使用；未对临时雇佣的5名作业人员进行安全培训和安全技术交底；作业过程中，移动式脚手架滑轮未锁定；现场安全管理人员未及时发现隐患。

根据以上场景，回答下列问题（共14分，每题2分，1~3题为单选题，4~7题为多选题）：

1. 根据《生产安全事故报告和调查处理条例》，该起事故的等级为（C）。

A. 轻微事故　　　　　　　　　　B. 一般事故
C. 较大事故　　　　　　　　　　D. 重大事故
E. 特别重大事故

> **细说考点**
>
> 本题主要考查的是生产安全事故的等级判断。本案例中事故造成 10 人重伤、3 人轻伤，该起事故的等级为较大事故。下面小结生产安全事故等级及伤亡事故的分类。
>
> (1) 生产安全事故等级
>
> | 事故等级 | 死亡人数 | 重伤人数 | 直接经济损失 | 调查组织机构 |
> | --- | --- | --- | --- | --- |
> | 特别重大事故 | 30 人 | 100 人以上（包括急性工业中毒，下同） | 1 亿元以上 | 国务院或者国务院授权有关部门组织事故调查组组织 |
> | 重大事故 | 10 人以上 30 人以下 | 50 人以上 100 人以下 | 5000 万元以上 1 亿元以下 | 事故发生地省级人民政府负责调查 |
> | 较大事故 | 3 人以上 10 人以下 | 10 人以上 50 人以下 | 1000 万元以上 5000 万元以下 | 事故发生地设区的市级人民政府负责调查 |
> | 一般事故 | 3 人以下 | 10 人以下 | 1000 万元以下 | 事故发生地县级人民政府负责调查 |
>
> 注："以上"包括本数，"以下"不包括本数。
>
> (2) 伤亡事故的分类
>
> 根据《企业职工伤亡事故分类标准》GB 6441—1986，伤亡事故是指企业职工在生产劳动过程中，发生的人身伤害和急性中毒。事故的类别包括：物体打击、车辆伤害、机械伤害、起重伤害、触电、淹溺、灼烫、火灾、高处坠落、坍塌、冒顶片帮、透水、放炮、火药爆炸、瓦斯爆炸、锅炉爆炸、容器爆炸、其他爆炸、中毒和窒息、其他伤害。对事故造成的伤害分析要考虑的因素有受伤部位、受伤性质（人体受伤的类型）、起因物、致害物、伤害方式、不安全状态、不安全行为。
>
> 按照事故造成的伤害程度又可把伤害事故分为轻伤事故、重伤事故和死亡事故。

2. 根据《企业职工伤亡事故经济损失统计标准》(GB 6721—1986)，该起事故的直接经济损失为（D）万元。

A. 390　　　　　　　　　　　　　B. 420
C. 470　　　　　　　　　　　　　D. 540
E. 1750

> **细说考点**
>
> 本题主要考查的是直接经济损失的统计。根据《企业职工伤亡事故经济损失统计标准》GB 6721—1986，直接经济损失的统计范围：
>
> (1) 人身伤亡后所支出的费用：医疗费用（含护理费用）、丧葬及抚恤费用、补助及救济费用、歇工工资。

(2) 善后处理费用：处理事故的事务性费用、现场抢救费用、清理现场费用、事故罚款和赔偿费用。

(3) 财产损失价值：固定资产损失价值、流动资产损失价值。

间接经济损失的统计范围：

(1) 停产、减产损失价值。

(2) 工作损失价值。

(3) 资源损失价值。

(4) 处理环境污染的费用。

(5) 补充新职工的培训费用。

(6) 其他损失费用。

此次事故的直接经济损失＝医疗费用及歇工工资＋现场抢救及清理费用＋财产损失费用＋事故罚款＝390＋30＋50＋70＝540 万元。

3. 根据《企业安全生产费用提取和使用管理办法》，安全生产费用提取以上年度实际营业收入为计提依据，按照以下标准平均逐月提取：

(1) 营业收入不超过 1000 万元的，按照 2%提取；

(2) 营业收入超过 1000 万元至 1 亿元的部分，按照 1%提取；

(3) 营业收入超过 1 亿元至 10 亿元的部分，按照 0.2%提取；

(4) 营业收入超过 10 亿元至 50 亿元的部分，按照 0.1%提取。

2018 年度 A 公司应该提取的安全生产费用为（A）万元。

A. 150
B. 340
C. 430
D. 490
E. 770

细说考点

本题主要考查的是安全生产费的提取。根据《企业安全生产费用提取和使用管理办法》第十一条规定，机械制造企业以上年度实际营业收入为计提依据，采取超额累退方式按照以下标准平均逐月提取：

(1) 营业收入不超过 1000 万元的，按照 2%提取；

(2) 营业收入超过 1000 万元至 1 亿元的部分，按照 1%提取；

(3) 营业收入超过 1 亿元至 10 亿元的部分，按照 0.2%提取；

(4) 营业收入超过 10 亿元至 50 亿元的部分，按照 0.1%提取；

(5) 营业收入超过 50 亿元的部分，按照 0.05%提取。

2018 年度 A 公司应该提取的安全生产费用，以 A 公司 2017 年营业收入 15 亿元为计提依据，按照 0.1%提取，因此 A 公司应提取的安全生产费用为：$15 \times 0.1\% = 0.015$ 亿元＝150 万元。

4. 根据《生产安全事故报告和调查处理条例》，该起事故的调查组组成应包括（ACD）。

A. A公司所在地设区的市级安全生产监督管理部门
B. A公司所在地县级安全生产监督管理部门
C. A公司所在地设区的市级工会
D. A公司所在地设区的市级监察机关
E. A公司所在地县级监察机关

细说考点

本题主要考查的是安全生产调查。根据《生产安全事故报告和调查处理条例》，该起事故的等级为较大事故，因此根据该条例第十九条、第二十二条规定，较大事故由设区的市级人民政府负责调查，根据事故的具体情况，事故调查组由有关人民政府、安全生产监督管理部门、负有安全生产监督管理职责的有关部门、监察机关、公安机关以及工会派人组成，并应当邀请人民检察院派人参加。事故调查组可以聘请有关专家参与调查。因此本题中的ACD为正确选项。

安全生产事故分析的相关要点在安全生产事故案例分析考试中属于重点内容，考查的点在于安全生产事故等级判断、事故上报的时限和部门、事故的应急处置、事故调查的组织、事故调查组的组成和职责、事故调查组的职权和事故发生单位的义务、事故调查的纪律和期限、事故调查报告的批复、事故调查报告中防范和整改措施的落实及其监督。下面小结生产安全事故报告及调查的相关要点。

（1）生产安全事故报告（**重要考点**）

有关事故调查工作的规定（重点内容）	《生产安全事故报告和调查处理条例》规定，事故报告应当及时、准确、完整，任何单位和个人对事故<u>不得迟报、漏报、谎报或者瞒报</u>。事故调查处理应当坚持实事求是、尊重科学的原则，及时、准确地查清事故经过、事故原因和事故损失，查明事故性质，认定事故责任，总结事故教训，提出整改措施，并对事故责任者依法追究责任。 事故发生后，事故现场有关人员<u>应当立即向本单位负责人报告</u>；单位负责人接到报告后，应当于<u>1h</u>内向事故发生地县级以上人民政府安全生产监督管理部门和负有安全生产监督管理职责的有关部门报告
有关事故报告的规定（重点内容）	《生产安全事故报告和调查处理条例》规定，安全生产监督管理部门和负有安全生产监督管理职责的有关部门接到事故报告后，应当依照下列规定上报事故情况，并通知公安机关、劳动保障行政部门、工会和人民检察院： （1）特别重大事故、重大事故逐级上报至<u>国务院安全生产监督管理部门和负有安全生产监督管理职责的有关部门</u>； （2）较大事故逐级上报至<u>省、自治区、直辖市人民政府安全生产监督管理部门和负有安全生产监督管理职责的有关部门</u>；

续表

有关事故报告的规定 （重点内容）	（3）一般事故上报至设区的市级人民政府安全生产监督管理部门和负有安全生产监督管理职责的有关部门。 　　安全生产监督管理部门和负有安全生产监督管理职责的有关部门依照前款规定上报事故情况，应当同时报告本级人民政府。国务院安全生产监督管理部门和负有安全生产监督管理职责的有关部门以及省级人民政府接到发生特别重大事故、重大事故的报告后，应当立即报告国务院。必要时，安全生产监督管理部门和负有安全生产监督管理职责的有关部门可以越级上报事故情况。 　　安全生产监督管理部门和负有安全生产监督管理职责的有关部门逐级上报事故情况，每级上报的时间不得超过 2h。 　　事故报告后出现新情况的，应当及时补报。自事故发生之日起 30 日内，事故造成的伤亡人数发生变化的，应当及时补报。道路交通事故、火灾事故自发生之日起 7 日内，事故造成的伤亡人数发生变化的，应当及时补报
报告事故的内容 （重点内容）	《生产安全事故报告和调查处理条例》规定，报告事故应当包括下列内容： （1）事故发生单位概况； （2）事故发生的时间、地点以及事故现场情况； （3）事故的简要经过； （4）事故已经造成或者可能造成的伤亡人数（包括下落不明的人数）和初步估计的直接经济损失； （5）已经采取的措施； （6）其他应当报告的情况
事故的应急处置	《生产安全事故报告和调查处理条例》规定： （1）事故发生单位负责人接到事故报告后，应当立即启动事故相应应急预案，或者采取有效措施，组织抢救，防止事故扩大，减少人员伤亡和财产损失。 （2）事故发生地有关地方人民政府安全生产监督管理部门和负有安全生产监督管理职责的有关部门接到事故报告后，其负责人应当立即赶赴事故现场，组织事故救援。 （3）事故发生后，有关单位和人员应当妥善保护事故现场以及相关证据，任何单位和个人不得破坏事故现场、毁灭相关证据。 （4）事故发生单位的负责人和有关人员在事故调查期间不得擅离职守，并应当随时接受事故调查组的询问，如实提供有关情况。 （5）事故发生地公安机关根据事故的情况，对涉嫌犯罪的，应当依法立案侦查，采取强制措施和侦查措施。犯罪嫌疑人逃匿的，公安机关应当迅速追捕归案

(2) 生产安全事故调查、处理

事故调查处理原则	实事求是、尊重科学的原则；四不放过的原则；公正、公开的原则；分级管辖的原则
事故调查的规定 (重点内容)	《生产安全事故报告和调查处理条例》规定，特别重大事故由国务院或者国务院授权有关部门组织事故调查组进行调查。重大事故、较大事故、一般事故分别由事故发生地省级人民政府、设区的市级人民政府、县级人民政府负责调查。省级人民政府、设区的市级人民政府、县级人民政府可以直接组织事故调查组进行调查，也可以授权或者委托有关部门组织事故调查组进行调查。未造成人员伤亡的一般事故，县级人民政府也可以委托事故发生单位组织事故调查组进行调查
事故调查组 (重点内容)	《生产安全事故报告和调查处理条例》规定，事故调查组的组成应当遵循精简、效能的原则。根据事故的具体情况，事故调查组由有关人民政府、安全生产监督管理部门、负有安全生产监督管理职责的有关部门、监察机关、公安机关以及工会派人组成，并应当邀请人民检察院派人参加。事故调查组可以聘请有关专家参与调查
事故调查组成员 应符合的条件	《生产安全事故报告和调查处理条例》规定，事故调查组成员应当具有事故调查所需要的知识和专长，并与所调查的事故没有直接利害关系
事故调查组的职责 (重点内容)	《生产安全事故报告和调查处理条例》规定，事故调查组履行下列职责： (1) 查明事故发生的经过、原因、人员伤亡情况及直接经济损失； (2) 认定事故的性质和事故责任； (3) 提出对事故责任者的处理建议； (4) 总结事故教训，提出防范和整改措施； (5) 提交事故调查报告
事故调查程序（步骤） (重点内容)	查明事故发生的经过→查明事故发生的原因→人员伤亡情况→事故的直接经济损失→认定事故性质和事故责任分析→对事故责任者的处理建议→总结事故教训→提出防范和整改措施→提交事故调查报告
事故调查处理的 最终目的	预防和减少事故

续表

事故责任的划分 (重点内容)	事故责任分类	直接责任人：是指其行为与安全事故的发生有直接关系的人。通过违章指挥、违章作业、违反操作规程和安全规程、违反劳动纪律等，直接导致事故发生和发展，在事故过程中起主导作用者。 主要责任人：是指对事故的发生起主要作用的人员，有下列情况之一的，应由肇事者或有关人员负直接责任或主要责任。 （1）违章指挥、违章作业或冒险作业造成事故的； （2）违反安全操作规程和安全生产规章制度，造成安全事故的； （3）违反劳动纪律，擅自开动机械设备或擅自拆除、更改、毁坏、挪用安全设备或设施、装置并造成事故的。 领导责任人：是指对安全事故的发生负有领导责任的人，有下列情况之一的应负领导责任： （1）由于安全生产规章、制度及安全操作规程未建立或未健全，施工人员无章可循造成事故的； （2）未对施工人员进行安全培训或安全教育、未经考试合格就同意进入现场施工而造成事故的； （3）机械设备超过检修期或超负荷运转，设备有缺陷不采取措施而造成事故的； （4）环境条件不安全，未采取措施造成事故的； （5）新建、改建、扩建工程，安全设施未与主体工程同设计、同施工、同投入使用，而造成安全事故的
	事故性质的认定	责任事故（一般指责任人的主观失误造成的）、非责任事故（是指由于自然界的因素而造成不可抗拒的事故，或由于当前科学技术条件的限制而发生的难以预料的事故）
事故教训 (重点内容)		事故教训和整改措施可以从有关安全生产的法律、法规和技术标准的落实程度、安全管理制度的完善程度、安全技术防范措施的合理性、安全培训教育和宣传及贯彻程度、职工的安全意识是否到位、相关部门的执法力度、企业负责人对安全生产工作的重视程度、是否存在官僚和腐败现象从而导致事故的发生、"三同时"的落实程度、事故应急救援预案的合理有效性等方面去考虑。
事故应急救援预案 (重点内容)		《生产安全事故报告和调查处理条例》规定，事故调查组应当自事故发生之日起 <u>60 日</u>内提交事故调查报告；特殊情况下，经负责事故调查的人民政府批准，提交事故调查报告的期限可以适当延长，但延长的期限最长不超过 <u>60 日</u>。 **注意**：技术鉴定所需时间<u>不计入</u>事故调查期限

续表

事故处理 (重点内容)	《生产安全事故报告和调查处理条例》规定，<u>重大事故、较大事故、一般事故</u>，负责事故调查的<u>人民政府</u>应当自收到事故调查报告之日起<u>15日内做出批复</u>；<u>特别重大事故，30日内做出批复</u>，特殊情况下，批复时间可以适当延长，但延长的时间最长不超过30日
事故教训 (重点内容)	事故教训和整改措施应当从以下几个方面来考虑： (1) 是否贯彻落实了有关的安全生产的法律、法规和技术标准。 (2) 是否制定了比较完善的安全管理制度。 (3) 是否制定了合理的安全技术防范措施。 (4) 安全管理制度和技术防范措施执行是否到位。 (5) 安全培训教育和宣传及贯彻是否到位，职工的安全意识是否到位。 (6) 有关部门的执法力度是否到位。 (7) 企业负责人是否重视安全生产工作。 (8) 是否存在官僚和腐败现象，因而造成了事故的发生。 (9) 是否落实了有关"三同时"的要求。 (10) 是否有合理有效的事故应急救援预案。 可归纳为：一落实，二制定，三同时，教育，执法，重大案
事故调查报告 的内容	《生产安全事故报告和调查处理条例》规定，事故调查报告应当包括下列内容： (1) 事故发生单位概况； (2) 事故发生经过和事故救援情况； (3) 事故造成的人员伤亡和直接经济损失； (4) 事故发生的原因和事故性质； (5) 事故责任的认定以及对事故责任者的处理建议； (6) 事故防范和整改措施。 事故调查报告应当附具有关证据材料。事故调查组成员应当在事故调查报告上签名。 **注意**：在以上第(4)项中，应判断其属于责任事故、技术事故、自然事故
法律责任	《生产安全事故报告和调查处理条例》规定，事故发生单位对事故发生负有责任的，依照下列规定处以罚款： (1) 发生一般事故的，处10万元以上20万元以下的罚款； (2) 发生较大事故的，处20万元以上50万元以下的罚款； (3) 发生重大事故的，处50万元以上200万元以下的罚款； (4) 发生特别重大事故的，处200万元以上500万元以下的罚款。

续表

	事故发生单位主要负责人未依法履行安全生产管理职责，导致事故发生的，依照下列规定处以罚款；属于国家工作人员的，并依法给予处分；构成犯罪的，依法追究刑事责任：
法律责任	(1) 发生一般事故的，处上一年年收入30%的罚款；
	(2) 发生较大事故的，处上一年年收入40%的罚款；
	(3) 发生重大事故的，处上一年年收入60%的罚款；
	(4) 发生特别重大事故的，处上一年年收入80%的罚款

5. 在移动式脚手架上的作业人员应佩戴的劳动防护用品包括（AB）。

A. 安全带　　　　　　　　　　B. 安全帽

C. 防刺穿鞋　　　　　　　　　D. 手套

E. 护目镜

细说考点

本题主要考查的是劳动防护用品。《高处作业分级》GBT 3608—2008，高处作业是指在距坠落度基准面2m或2m以上有可能坠落的高处进行的作业。本案例中，脚手架作业面距地面8m，属于高空作业，脚手架上的作业人员有坠落的可能。防坠落的劳动防护用品包括安全带、安全网。另外，进入施工现场必须佩戴安全帽。因此，本题中AB选项正确。

6. 根据《生产经营单位安全培训规定》，B企业对临时雇佣的5名作业人员进行岗前安全培训的内容应包括（ABDE）。

A. 企业安全生产情况及安全生产基本知识

B. 企业安全生产规章制度和劳动纪律

C. 国内外先进的安全生产管理经验

D. 有关事故案例

E. 作业人员安全生产权利和义务

细说考点

本题主要考查的是岗前安全培训的内容。根据《生产经营单位安全培训规定》第十二条规定，加工、制造业等生产单位的其他从业人员，在上岗前必须经过厂（矿）、车间（工段、区、队）、班组三级安全培训教育。生产经营单位应当根据工作性质对其他从业人员进行安全培训，保证其具备本岗位安全操作、应急处置等知识和技能。

第十四条规定，厂（矿）级岗前安全培训内容应当包括：(1) 本单位安全生产情况及安全生产基本知识；(2) 本单位安全生产规章制度和劳动纪律；(3) 从业人员安全生产权利和义务；(4) 有关事故案例等。煤矿、非煤矿山、危险化学品、烟花爆竹、金属冶炼等生产经营单位厂（矿）级安全培训除包括上述内容外，应当增加事故应急救援、事故应急预案演练及防范措施等内容。

7.为有效预防此类事故再次发生，应采取的安全技术措施包括（ABC）。

A. 搭设有效可靠的脚手架
B. 踏板满铺，不使用单板、浮板和探头板
C. 设置符合标准的防护栏杆
D. 增加现场安全监护人员
E. 地面设置坐落保护气垫

细说考点

本题主要考查的是安全技术措施。选项 D 属于管理措施；选项 E 不能防止事故发生，只能减少事故损失。